AF370823

L'AGRONOMIE

ET

L'INDUSTRIE,

OU

LES PRINCIPES DE L'AGRICULTURE, DU COMMERCE ET DES ARTS,

réduits en pratique.

Par une Société d'Agriculteurs, de Commerçants & d'Artistes.

O fortunatos nimium sua si bona norint!
VIRG. Georg. lib. 1.

CORPS GÉNÉRAL
D'OBSERVATIONS.

TOME SECOND.

L'AGRONOMIE

ET

L'INDUSTRIE,

OU

Corps général d'observations, faites par les sociétés d'agriculture, du commerce & des arts, établies chez les diverses nations, avec des questions sur les éclaircissements nécessaires, pour l'intelligence des différents principes de ces arts.

O fortunatos nimium, sua si bona norint !
VIRG. *Georg. Lib.* I.

TOME SECOND.

A PARIS,

Chez DESPILLY, Libraire, rue S. Jacques, *à la vieille Poste.*

M. DCC. LXI.

Avec approbation & privilége du Roi.

L'AGRONOMIE

ET

L'INDUSTRIE,

OU

Corps général d'Observations, faites par les Sociétés d'Agriculture, du Commerce & des Arts, établies en divers Pays, avec des questions sur les éclaircissements nécessaires à l'intelligence des différents principes.

AGRICULTURE.

De la Méthode convenable pour donner à la nature de terre propre au Lin, les façons nécessaires avant de l'ensemencer.

Nous avons déja rendu compte (a) du choix fait par les *Sociétés de Dublin*, de *Rennes* & de *Bernes*, de la nature de terre

---

(a) *Voyez page* 12. *jusques & compris page* 36, *premier Vol. de notre Corps général d'Observations.*

Corps d'Observations. Tom. II. **A**

convenable à la production du lin ; **nous** devons maintenant rapporter ce que cette Société a proposé d'exécuter, afin de donner à cette terre les cultures qu'elle exige pour produire de bonnes récoltes en lin.

SOCIETÉ DE DUBLIN.

Feuille du Mardi premier Mars 1762.

Angle-
terre, Ir-
lande.

La Société de Dublin dont nous continuons de rapporter en premier lieu les feuilles, publia la suite des Instructions données par M. *R. W. M.* sur les engrais favorables à cette sorte de terre que nous avons décrite (*a*).

L'Auteur fait peu d'observations par rapport aux engrais. » En Hollande, *dit-* » *il,* on se sert de *fumier,* de *cendres,* & » quelquefois d'*excréments humains;* mais » cette derniere sorte d'engrais n'est usi- » tée que dans de très-petites piéces de

(*a*) *Voyez page* 30, *premier Vol. de notre Corps général d'Observations.*

» terres bien reposées , ou qui n'ont rien
» produit depuis quelque-tems. La *marne,*
» la *chaux* , les *croutes de marais* (c'est le
» *coulain,* le *limon*) le *goëſmon* (a), la
» *curure* ou *boue des mares & étangs* , les
» *rognures de cornes,* le *ſable de mer,* ſont
» indiqués comme des engrais excel-
» lents pour le lin. On les préfere ſui-
» vant leur propriété relative à la nature
» des terres, & on les croit plus effica-
» ces que les *fumiers.*

En effet, lorſque le *fumier* n'eſt pas
conſumé, & qu'il ſe trouve encore en
l'état où les laboureurs lui donnent le
nom de *fumier blanc,* c'eſt-à-dire , *fumier
non pourri,* il produit de mauvaiſes herbes, & différents inſectes qui nuiſent
également à l'accroiſſement du lin: d'ail-

(*a*) Cette plante ſe cueille ſur les bords de la Mer , &
s'appelle en Bretagne, *goëſmon* ; en Normandie, *va-
rech*; en Poitou, *ſar* , c'eſt l'*algue marine :* en latin,
plueus marinus. M. DUHAMEL ſemble indiquer que ces
plantes ſont différentes, attendu leurs diverſes dəno-
minations. *Voyez p.* 193 *du tome premier de ſes* ÉLEMENTS
D'AGRICULTURE.

leurs quelle dépenfe le farclage n'occa-
fionne-t-il pas ?

» Eft-il chofe plus pernicieufe aux dif-
» férentes plantes utiles, *pourfuit l'Au-*
» *teur*, que les mauvaifes herbes ? La
» plante de lin en fouffre finguliére-
» ment, lorfqu'elle croît parmi elles.
» Ces plantes en alterent la qualité, &
» en diminuent la quantité ; elles ravif-
» fent par les befoins indifpenfables à
» leurs accroiffements naturels, les
» nourritures qui font néceffaires à la
» première plante (*au lin*).

On ne rencontre pas ces inconvénients dans la *marne*, la *chaux*, le *goëf-*
mond, &c. Ils font donc préférables à
cet égard.

L'Auteur invite les Agriculteurs, d'a-
près ces réflexions, à s'attacher à la dif-
tinction & à la préférence qu'ils doivent
donner aux choix des engrais. Il regarde
ce choix comme un article des plus importants.

Après avoir indiqué ces engrais, *l'Au-*

teur paſſe aux labours de la terre, &
s'étend davantage ſur cette partie. Il ſuit
les opérations exécutées par les Hollandois & les Flamands. Il les cite comme
des plus fructueuſes, & rapporte en même-tems, les deux méthodes que ces peuples ſuivent.

Dans ces pays on laboure les terres
en friches (a) trois ou quatre fois & même
davantage. On les laiſſe en *jacheres* pendant tout un été : (*c'eſt la premiere méthode*) ou bien on commence par leur
faire porter du grain : (*c'eſt la ſeconde méthode,*) & dans ce dernier cas, voici les
façons (*les labours*) qu'on leur donne.

Lorſqu'on a bien fumé & labouré deux
fois & plus, on y ſeme du bled, (*du froment*) ; l'année ſuivante on y plante de
la *garance* qui y reſte deux ans, ou bien
on y jette de *l'avoine,* & la quatriéme
on y ſeme du *lin.*

(a) Nous obſervons ici que ce ſont des *terres argilleuſes, profondes, fermes & humides* que l'on choiſit pour
la culture du *lin. Voyez page* 30 *du premier Vol. de notre
Corps général d'Obſervations.*

Les Zélandois & les Flamands rendent par ces travaux & par ces diverſes
productions, une terre bien meuble ou
bien diviſée : en effet, outre les deux ou
trois labours donnés avant la ſemaille du
grain, pendant la première année ; outre la fermentation du fumier & les autres labours qu'on réïtére quelquefois
juſqu'au nombre de cinq pour la *garance*,
il y a encore des façons continuelles
pour recouvrir de terres, les racines de
cette plante, & pour l'arracher à meſure
qu'elle croît.

Cette terre ainſi façonnée, n'eſt pas
propre à toute production, quoiqu'elle
le paroiſſe.

Les Zélandois la laiſſent repoſer, &
en même-tems ils la labourent fréquemment & de différentes manieres. Cette
terre eſt, ſuivant eux, trop dure & trop
compacte, trop amaigrie ou appauvrie à
la fois, par l'épuiſement des nourritures que lui ont occaſionné & la *garance*
& l'*avoine* pendant l'eſpace de deux ans.

Pour pouvoir l'enfemencer , ils attendent le moment à pouvoir la femer de lin. Par ces opérations, ces Cultivateurs en récoltent d'une excellente qualité.

On ne fuit en Hollande & en Flandres la dernière méthode , qu'à caufe du profit qu'on retire des récoltes de *garance* & d'*avoine*. La première pratique produit davantage , fi l'on ne confidere que la production en *lin*.

L'Auteur rapporte pour foutenir ce qu'il vient d'avancer, que dans les environs de *COURTRAY en Flandres* où les terres ont quelques veines de *glaifes*, on y feme le lin dans les terres défrichées , qui pendant une année entiere qn'elles font reftées en *jacheres* , ont reçu immédiatement après leur défrichement, différents labours de fuite , & de la manière dont on vient de le dire. La raifon en eft qu'on ne fait pas de commerce de *lin* dans ces endroits.

Aux environs *D'ANVERS* , de *BRUXELLES* , de *GAND* , dans les terres même les plus féches & les plus légeres qui puiſſent porter du *lin*, on n'y exécute que trois labours, & la femaille du lin s'y fait après l'expiration d'un été feulement.

Par les raifons que l'on vient de déduire, l'*Auteur* détruit le fyſtême qu'on avoit en Irlande, de dire qu'après avoir labouré une feule fois des terres en friche, on y avoit de bonnes récoltes de *lin*.

Il paſſe enfuite à fe récrier fur l'ignorance dans laquelle on étoit dans ce Royaume d'Angleterre, (l'*Irlande*) fur le choix des terres propres à la production du *lin*, ou en fuppofant qu'on le fçût, on négligeoit de leur donner les labours qu'il falloit. Il rapporte qu'on ne labouroit en général que fuperficiellement les terres pour les différentes productions, avant de les enfemencer, & qu'on n'avoit fait jufqu'alors, que de grandes fautes dans prefque toutes les branches de l'Agriculture. Les opérations mal exécutées, occasionnoient que les récoltes y étoient des plus inférieu-res.

» Il eſt vrai, *obſerve-t-il*, qu'on a fait » plus de dépenſes pour ameublir les » terres deſtinées à être enſemencées en » *froment*, que pour préparer celles qu'on » deſtinoit au *lin* ; mais c'eſt tout le con- » traire, le lin en exige davantage.

L'Auteur conſidere enſuite les béné-fices qui réſultent de ces ſemences, en démontrant 1°. que le ſeul commerce de l'Irlande, étoit celui des *toiles*, & le plus important, & 2°. enfin, que l'on retiroit de la vente de la production en *lin*, de quoi payer mieux les frais de pluſieurs labours & du repos qu'on donnoit à la terre, que de celle de l'*orge* ou du *froment (a)*.

___

(*a*) *L'Auteur* ne devoit pas tout-à-fait conſeiller qu'on s'éloignât de la culture du *froment*. Elle eſt ſouvent plus eſſentielle que celle du *lin* : apparemment qu'il trouvoit que l'Irlande avoit ſuffiſamment des champs enſemencés de cette graine précieuſe, ou qu'elle pou-voit en tirer de l'étranger avec bénéfice, ſoit en l'é-changeant pour ſes *toiles* dont le débouché pouvoit être aſſuré, ſoit autrement.

Feuille du Mardi 8 Mars fuivant.

Après que la terre fera bien ameublie ou divifée par les labours fréquents, voici la pratique que l'*Auteur* recommande finguliérement. Il dit qu'étant éprouvé, on ne craindra plus en *Irlande* d'employer à la culture du *lin*, les terres glaifes & humides.

» On doit, *dit-il*, apporter la derniere » façon à cette terre ; c'eft-à-dire, cette » façon propre à la préparer à recevoir » la femence.

En Irlande on difpofe la terre en *planches* (*a*) bien dreffées, ou ayant des formes régulières, & elles font féparées par de petits foffés ou rigoles.

On donne à ces planches depuis 50 jufqu'à 60, & même 70 pieds de largeur fur autant & plus de longueur, & cela

______

(*a*) On appelle *planche*, un terrein large d'une certaine étendue de mefures & affez long, bien labouré, bien uni & amendé. Quelquefois on lui donne des figures *quarrées*, *triangulaires*, &c. fuivant l'idée du Cultivateur. Il eft entouré par des rigoles ou foffés.

d'ailleurs fuivant l'étendue du terrein que l'on a à cultiver.

On donne aux rigoles la largeur d'un pied & demi, fur environ deux pieds de profondeur. On dirige ces rigoles, & on regle leur profondeur fur la pente & le dégré d'humidité du terrein. Cette difpofition de rigole donne lieu aux terres de conferver jufqu'à une certaine profondeur, un dégré d'humidité convenable. La fuperficie de la terre, les planches étant larges & unies, en retiennent affez de celles occafionnées par les pluyes, pour réfifter à la féchereffe qui regne pendant l'été, & le fuperflu des eaux filtrant à travers les pores de cette furface, s'écoule dans les rigoles, lorfque ces eaux pluviales font trop abondantes. Par ce moyen la graine de lin fe trouve à l'abri de la pourriture occafionnée par une trop grande humidité.

Cette pratique eft indiquée comme préférable à celle de laiffer la terre en fillons. Lorfque ces fillons font ronds &

élevés, l'humidité se dissipe trop-tôt, &
cependant elle est absolument nécessaire
pour la fermentation, & faciliter l'opération de la préparation & de l'élévation
des nourritures des plantes (a) dans leurs
tubes ou tuyaux.

Les Flamands qui ont ces principes
pour guides certains, sont si assurés de
leurs succès, qu'ils ne sont pas dans l'u-
sage d'exécuter les rigoles que nous venons d'indiquer, sur-tout lorsque leurs
terres sont d'une nature séche & humide. Ils se contentent de rendre la sur-
face du champ très-unie, afin de retenir
par-là beaucoup plus long-tems l'humidité & de garantir leur *lin* de la séche-
resse occasionnée, & par les vents & par
la chaleur qui regne en été, lorsqu'il
s'accroît.

L'Auteur répéte ici, qu'en suivant en
Irlande ces méthodes, le bénéfice ré-
compensera abondamment toutes les

____

(a) Nous expliquerons ces principes dans notre partie
d'Agriculture. Voyez le second Vol.

peines & les dépenfes que cette pratique entraîne.

Ces méthodes reçurent quelques obfervations qu'il eft maintenant convenable de décrire.

Feuille du Mardi 5 Avril fuivant.

Différents Citoyens expoferent à la Société que fi l'on difpofoit les terres glaifes en *planches* auffi unies que le confeilloit l'*Auteur* de la feuille précédente, on ne pourroit femer de bonne heure : article que la Société confidera comme des plus important & qui fit qu'on répondit à ce doute.

On n'avoit jamais recommandé, » *dit la Société,* » de laiffer la terre en *planches* » larges & plates pendant l'hyver : on » avoit confeillé de laiffer pendant cette » faifon, les fillons des plus élevés & des » plus étroits, parceque de cette maniere, » la terre étant plus expofée à fe gla- » cer, à s'échauffer, en un mot à rece- » voir les effets de l'air & ce que cet

» élément contient , cette difpofition
» devenoit favorable , à ce que les mot-
» tes fe divifaffent , s'ameubliffent &
» s'impregnaffent facilement de nourri-
» tures ; que ce ne devoit être enfin ,
» qu'au dernier labour ou à celui immé-
» diatement avant la femaille, c'eft-à-dire,
» lorfqu'on prépare la terre à recevoir la
» graine ou la femence , qu'on devoit
» dreffer la planche & rendre la furface
» de la terre unie.

Une autre obfervation qui naiffoit d'un nouveau doute , fut également refolue. Il étoit des Agriculteurs qui doutoient que la méthode de culture propofée à l'inftar de celle de la Zélande, convint aux fols de terres glaifes d'Irlande. On apportoit pour raifon que le fol Zélandois formoit un terrein plat & uni , tandis que les terres Irlandoifes étoient fur des côtes & en pente. Ce qui les engageoit à inferer que les terres de l'Irlande labourées comme les Zélandoifes , doivent être dépouillées infailliblement, pendant l'hyver, de la meilleure partie de leur subſtance nourriciere, & cela par le cours rapide des eaux qui paſſeroient dans les rayes, rigoles ou foſſés des ſillons.

» En effet, *ajoutoit-on*, ces petits tor-
» rents tombant avec force le long de
» la colline, lavent & entraînent la terre
» la plus graſſe comme la plusatt énuée,
» & ces eaux ayant diſſous les ſucs nour-
» riſſiers, en dépouillent parconſéquent
» cette matrice (*la terre.*)

Il étoit donc queſtion de porter re-mede à cet inconvénient, parce que les côtés des ſillons formés par la méthode propoſée, étoient auſſi-bien aſſujettis aux effets des eaux pluviales que l'on vient de rapporter, que ceux operés par l'ancienne méthode de labourer. On con-ſeilla donc, qu'au lieu de faire les ſil-lons de haut en bas de la colline, il falloit les diriger en travers & paralléles aux terres baſſes qui ſe trouveroient au pied de la montagne , ſur-tout autant qu'il auroit été poffible de l'exécuter.

Cette difpofition de fillons operée ainfi, la pluye qui tomberoit fur le fommet, feroit arrêtée par les rayons ou foffés, & perdroit toute fon impétuofité.

La Société ne confeilla pas cependant de laiffer croupir cette eau dans ces rayes, car elle filtreroit & pafferoit dans le fillon au-deffous, & en abreuvant la terre, elle gâteroit la récolte. On propofa, pour éviter cet inconvénient, de pratiquer des tranchées ou rigoles affez profondes, de haut en bas & aux deux côtés du champ. Ces foffés recevroient les eaux & deffécheroient par ce moyen celles des fillons.

On étaya cette pratique fur les expériences de quelques membres de la Société, dont le fuccès avoit répondu à leurs foins.

» Cette méthode eft non-feulement » utile, *ajoute-t'on*, pour la préparation » d'une terre propre au *lin*, mais encore » elle peut également fervir pour toute » autre

» autre plante dont la culture exige des
» labours répétés.

La dernière objection dont la Société
defireroit parvenir à détruire le fondement, auffi-bien que celui des premières,
eft que la *mifere* & la *pauvreté* des laboureurs Irlandois dont ceux de la France,
ajoutons-nous, ne font pas moins affec-
tés, doivent néceffairement apporter
un obftacle invincible au moment actuel, à l'exécution des différentes opérations de labourage recommandées dans
les feuilles précédentes, » à peine, *pour-*
» *fuit la Société*, & *nous le difons encore*
» *avec elle*, y a-t'il un laboureur fur
vingt, qui foit en état de mettre nos
inftruéions en pratique, quelque convaincu qu'il puiffe être de leur utilité.

Cet obftacle qui eft effeétivement des
plus forts, ne peut être furmonté fans
l'*aifance*. On la pourroit trouver quel-
que-fois dans les propriétaires ; mais fou·
vent auffi il arrive qu'ils en ont befoin

comme les laboureurs. La Société invite cependant les gens riches à ſecou-
rir leurs fermiers qui manquent de tout,
en leur démontrant l'avantage qui réſul-
teroit des ſecours qu'ils leur fourni-
roient, & pour leurs intérêts & pour le
bien de la Patrie. Elle tâche enſuite d'engager les fermiers aiſés à donner l'exemple aux autres ; elle dirige tout ſon but
vers les progrès de la manufacture de
toiles établie dans le Royaume.

On ajoute à ces objections ce qu'un
anonyme avoit expoſé ; » il y a tout lieu
» de craindre, *dit-il*, que ſi l'on feme le
» *lin* en Irlande dans ces terres fertiles
» & bien cultivées, on ne puiſſe en at-
» tendre la maturité que dans les ſaiſons
» très défavorables. Les pluyes qui tom-
» bent communément en été, le cou-
» cheront ſur la terre, avant qu'il ſoit
» mûr, & elles ruineront la récolte du
» *lin* & de ſa graine.

La Société a cru devoir répondre à
cette objection, qu'il falloit ſemer clair

ou peu dru, & que le lin fe foutien-
droit de lui-même.

Il eft un principe certain que dans
aucune terre, il ne peut fe trouver de
récoltes abondantes, fi l'on n'a foin de
proportionner la quantité de femences
aux nourritures qu'elle peut conferver.
Toutes les fois qu'une récolte manque
dans des terres fortes & graffes, (*abondantes en nourritures*), c'eft que ces terres font certainement furchargées de
femences, qui les épuifent avant que
les plantes qui y naiffent & s'y accroif-
fent, ayent pû obtenir leur maturité.
D'un autre côté la tige de chaque plante
demande l'accès libre des effets du feu,
(la *chaleur*, &c.) & celui de l'air, (le
vent, &c.) pour la fortifier, &c. ». Si
» l'on répand au contraire, la femence
» trop drue ou fans économie, *dit la*
» *Société*, la tige n'a point la force qu'elle
» devroit avoir. *Elle devient plante étiol-*
» *lée*, & cede par conféquent au moin-
» dre poids étranger. »

B ij

En effet, la pluye la renverse & la rompt (*a*), au lieu que si l'on seme clair, la chaleur, le froid & le vent ayant un passage aisé, leur influence se fait ressentir sur la tige, elle se conserve seche, ferme & capable de se redresser lorsqu'elle a fléchi par quelque cause ; la pluye qu'elle avoit trop abondamment sur ses feuilles, tombe facilement par les secousses du *vent*, & arrose sa racine. Dans cet arrosement, comme l'on sçait, se trouve la nourriture, ou il délaye celle qu'il rencontre consolidée dans la matrice, (*la terre.*)

SOCIÉTÉ DE RENNES.

France, Bretagne.

La Société de Rennes sentant toute la nécessité de se déterminer sur l'option des moyens à employer pour parvenir à une connoissance certaine de la nature

---

(*a*) La Société de Dublin est d'accord ici avec les principes que nous avons déja établi. *Voyez la note p.* 323 *du premier Vol. d'Agriculture.* Nous traiterons plus amplement de ce principe, article des *semailles*, *fermentation*, &c. dans la même partie.

des terres propres à la culture du *lin*, vient de publier dans cette Province, un avis qui lui a été adreſſé de Ruſ-ſie (*a*).

Cet avis indique non·ſeulement la na-ture de la terre qu'on eſt en uſage d'em-ployer en *Livonie* ; mais encore tout ce qui regarde la culture du *lin* dont nous parlerons par la ſuite. Nous accompa-gnons cet avis, qui a été traduit de la langue Ruſſienne, d'obſervations faites par diverſes perſonnes animées, comme cette Société, du bien public.

On cherche à déterminer en France cette nature de terre propre au *lin ;* mais quoique toutes les deſcriptions que chacun s'empreſſe de donner à ce ſujet, ſemblent faire ſaiſir au doigt & à l'œil, la nature de terre qu'on veut déſigner,

______

(*a*) Nous venons d'en recevoir également un du *Paſ-teur de Glueksbourg* ou *Luxbourg*, ville d'une peninſule du Royaume de Dannemarck. Ce Paſteur eſt un très-habile Cultivateur du Nord. Nous le traduiſons de la langue Allemande, & nous en rendrons compte dans ce Volume. Il traite *de la maniere de cultiver le meilleur lin de Riga.*

les dénominations indiquées font trop vagues pour qu'on puiffe efperer en les fuivant, de parvenir en ce Royaume, au choix convenable de ces terres. La Société de Rennes l'a même fenti. Les obfervations qu'elle a publié à cet égard, ne font que confirmer la néceffité qu'il y auroit à déterminer en France, les différentes fortes de nature de terres.

Quoiqu'il en foit, cette Société obferve avant de donner l'avis que nous venons de citer, que les inftructions qu'il contient ne s'accordent pas toujours avec les pratiques fuivies en Bretagne ; que l'adoption des préceptes qu'on rapporte, y feroit peut-être dangéreufe, attendu les équivoques que les Traducteurs auront pû faire dans les expreffions. Ces perfonnes ont pû rendre en françois, différents termes dont la fignification peut ne pas donner une idée pofitive de ce que l'Auteur a voulu dire dans fa langue. Voici en quels termes eft conçu cet avis, en ce qui regarde la *nature du terrein propre au lin* (*a*).

» La terre la plus convenable au *lin*
» doit être de fort bonne qualité, elle
» ne doit pas être fablonneufe ni trop
» féche, mais un peu humide ».

En *Livonie* on n'employe à la culture
de cette plante que des terres dont la
fuperficie eft noire, & le fond folide
& gras. On feme auffi le lin dans les terres qui, après avoir été amendées, ont
produit une récolte de *froment*. Les terres en bois, après avoir été effartées, &
fur lefquelles les bois qui y croiffent ont
été brûlés & leurs cendres répandues,
étant enfin labourées, font encore employées en *Livonie*, à la culture du lin,
la troifiéme année après le défrichement.

On appelle la terre ainfi défrichée
& améliorée, *Rocdungen*. On la préfere
même à toutes autres. La première année immédiatement après le défriche-

___

(*a*) Voyez pour plus grande inftruction, les éclaircif-
femens ci-après, & encore pages 33, 46, 57, & 323
premier Volume de notre Corps d'Obfervations.

ment, on y récolte du *bled* (*froment*) & l'année fuivante de l'*orge*.

La *Société* rapporte enfuite les obfervations de M. *Dubois de Donilac*, habitant de Marennes. Ce Citoyen a demeuré en *Livonie*, il y a obfervé, & cela s'accorde beaucoup avec ce que l'*Auteur* de l'avis a décrit, que les terreins humides & même aquatiques qui *fe trouvent en plaine*, (*ils y font les plus étendus*), font cultivés pour la production du *lin* ; que cette terre eft une efpèce de terreau de couleur noirâtre, qu'on laboure à la béche & fort aifément, & qu'elle produit fans fumier, excepté quelque peu de *fientes* pulverifées de *tourterelles* & de *ramiers*, que les Livoniens ramaffent dans les bois, deffous ou dedans les nids de ces volatiles.

La *Société* cite enfuite, ce que nous avons déja dit avoir été publié également à ce fujet par celle de *Dublin* (a) pour le

---

(a) *Voyez page* 12 *& fuiv. du premier Vol. de notre Corps général d'Obfervations.*

choix de cette terre, en Hollande (*dans la Zélande*) & en Irlande.

Elle paſſe enſuite aux nouvelles (*a*) obſervations qu'elle a faites en Bretagne, ſur la nature de terres employées actuellement en cette Province à la production du *lin*.

» On y cultive , *dit-elle* , le *lin* , &
» dans les terres légéres & dans les ter-
» res argilleuſes & fermes ». La *Société* range au nombre de ces terres légéres, celles ſur leſquelles on recueille du *lin* dans les Evêchés de S. *Malo*, de *Tréguier* & de *Leon*, nommant entr'autres celles de la Paroiſſe de *Bécherel*. Ce lin qu'on y récolte eſt ſupérieur en beauté & en qualité, & les terres ſur leſquelles on cueille la même plante dans l'Evêché de *Vannes*, ſont communément argilleuſes & humides, par conſéquent fortes :

____

(*a*) Nous diſons *nouvelles* , parce que ci-devant la Société ne déſignoit de terres plus propres pour cette culture, que les *terres neuves fort argilleuſes. Voyez page* 33 *de notre premier Volume du Corps général d'Obſervations.*

cependant le lin de ces cantons est inférieur à celui des autres Evêchés, » ce
» qui semble contredire , *ajoute cette*
» *Société*, ce qu'on vient de rapporter
» sur la nature de terre assignée à la pro-
» duction du *lin* en *Livonie* & en *Zé-*
» *lande* »..

La *Société* veut pour lors attribuer la
différence qu'on vient de faire remarquer de la bonne qualité du *lin*, plutôt
à la culture qu'au choix du terrein.
» Les terres légéres employées à la cul-
» ture du lin, *indique-t'on*, sont en Bre-
» tagne très-bien cultivées : au lieu que
» les terres pesantes ou lourdes, le sont
» très-mal. Elles exigeroient cependant,
» *continue-t'on*, plus de soin que les pre-
» mières, & on en seroit dédommagé
» par l'abondance & la bonne qualité
» du *lin* qu'on y récolteroit ; mais com-
» me l'observe la *Société de Dublin* (*a*),
» *la patience seule d'un Zélandois peut*

____

(*a*) Nous l'avons rapporté, *voyez page 25 du premier*
Vol. de notre Corps d'Observations.

» *vaincre la forte cohésion des parties d'une*
» *terre de cette nature.*

Les oppofitions des défignations des terreins propres au lin que nous venons de rapporter » devra engager , dit la » *Société*, ceux qui aiment le bien pu-» blic, à faire des épreuves. (*Nous les* » *avons déja demandées,*) (a) & la réuf-» fite dans la jufte détermination de terre » propre au lin, perfectionnera infailli-» blement la culture & les apprêts de » cette plante.

Nous pouvons maintenant rapporter ce que cette Société a publié fur la cul-ture de la terre propre au *lin*.

CULTURE DU LIN.

Le même avis publié par la Société de Rennes, fur la nature de la terre propre au *lin*, contient auffi des précep-tes propres à la culture de cette plante que nous venons de rapporter. Ils ont un

______

(a) *Voyez page* 31 & 46 *de notre premier Vol du Corps général d'Obfervations.*

rapport immédiat avec ce que nous avons déja dit avoir été publié en Irlande fur cette matiere.

» Ordinairement, *eſt - il dit dans cet* » *avis,* on laboure & on herfe en *Livo-* » *nie* trois fois les terres propres au *lin ;* » fçavoir, deux fois avant, & une fois » après la femence.

Si le Laboureur a du tems convenable & à fa difpofition, il fait bien de préparer dans l'automne précédent la récolte future , les terres qu'il veut employer à la production du *lin* au printemps fuivant.

Alors il les laboure & les herfe une fois. Cette opération fe regagne fur le travail de l'été qui fuit.

L'Auteur obferve qu'avant de herfer la terre, il faut avoir l'attention de s'affurer fi elle eſt bien féche. On y parvient facilement, en laiffant ces terres labourées expofées pendant quelque-tems à l'air.

Cette opération de labourer & de

herſer doit rendre la terre extrémement diviſée dans toutes ſes parties ; c'eſt-à-dire, la plus fine qu'il eſt poſſible.

La Société rapporte à la ſuite de l'avis ci-deſſus, ce que la Société de Dublin propoſe pour la culture du *lin :* nous en avons déja fait l'extrait (*a*).

SOCIÉTÉ DE BERNES.

La Société de Bernes, comme nous l'avons déja dit, ayant adopté entiére-ment tout ce que la Société de *Dublin* avoit publié pour l'indication de la nature de terres propres à la culture du *lin,* a également ſuivi les méthodes de cette dernière Société pour la culture de cette plante. Cette adoption nous diſpenſe de rapporter ici ce que cette Société a publié à ce ſujet. Il ſe trouve conforme en tout point avec tout ce que nous avons précédemment rap-porté.

____

(*a*) Voyez page 2 précédente & ſuivante.

ÉDUCATION DES ANIMAUX
VOLAILLES & INSECTES.

SOCIÉTÉ DE RENNES.

§.

Bêtes à cornes & à laines.

France, Bretagne.
La *Société* fait considerer d'abord, que les engrais font le premier bénéfice qu'on doive envifager, en établissant de grandes prairies, & en nourriffant beaucoup de beftiaux; elle ajoute enfuite, que ces mêmes beftiaux procurent des bénéfices par eux mêmes très-confidérables lorfque l'on fe porte à les entretenir fains & vigoureux. Elle pourfuit enfuite, en obfervant que le premier foin des fermiers, doit être d'avoir des mâles & des femelles de la plus belle efpèce. La meilleure éducation, la meilleure nourriture n'éléveront pas un animal de petite efpèce à une grande taille. Cela pourroit peut-être arriver, après

une nombreuse suite de générations,
beaucoup d'application & d'intelligence,
pour procurer les nourritures convenables, & dans des proportions suffisantes
à ces bestiaux ; mais la *Société* n'a aucun
lieu de douter qu'il n'y ait parmi les animaux des espèces petites, comme il s'en
trouve parmi les végétaux.

La *Société* paroît espérer que les *taureaux* & les *béliers* que la Province avoit
fait acheter en Poitou, éléveront leurs
races en Bretagne, si on ne les laisse pas
abatardir. Pour éviter cet inconvénient,
la *Société* propose aux ETATS de renouveller cet achat tous les deux ans, jusqu'à ce que le nombre de ces bestiaux
soit plus considérable en Bretagne. Elle
observe que la Province exécute pareil
renouvellement ou remonte d'étalons
pour les bêtes chevalines, & qu'elle doit
en faire de même pour les bêtes à cornes.

La quantité de 56 *taureaux* & de 108
béliers que la Province a répandu dans

la Bretagne, (*Province très-étendue,*) ne
semble pas à la *Société* à beaucoup près
suffisante, elle la trouve presque imper-
ceptible. Les *veaux* & les *agneaux* qui en
proviendront se mêleront avec ceux de
petite race qui inondent la Province , &
ils feront infailliblement retomber très-
promptement, les troupeaux dans l'état
de médiocrité qu'on paroît vouloir faire
cesser.

On expose que l'Evêché de *Vannes*
seul exigeroit cette quantité de *beliers*
de belle race que nous venons d'indiquer. Un Associé du Bureau de la capitale de cet Evêché, qui en a parcouru
toutes les Paroisses, a rapporté à la *Société* qu'il n'y avoit rencontré que très-
peu de bétail à laines ; que cependant la
nature du terrein qui se trouvoit être
élevé (*montagneux* ,) non susceptible de
culture, & produisant un pâcage propre
aux bêtes à laines , en exigeoit un grand
nombre ; que les Manufactures où cette
sorte de laine qu'on pourroit récolter,
s'employoit,

ployoit, étoient établies dans différents
lieux de cet Evêché, ce qui en affuroit
les débouchés; que ces établiffements
manquant de cette matiere première, on
étoit forcé d'en tirer de l'étranger pour
les en munir, & enfin que cette opération occafionnoit l'augmentation du prix
des étoffes qui y étoient fabriquées.

Toutes ces confidérations engagerent
la Société à conclure qu'il feroit à fouhaiter que la Province fît la dépenfe
de procurer des *béliers* & des *brebis* de
belle race à l'Evêché de *Vannes*. La dépenfe leur en paroiffoit modique en elle-
même , & les fuites en feroient très-lu-
cratives.

On donne enfuite la meilleure méthode pour profiter des éléves venus de
belle race. On la fait confifter à les bien
nourrir dans leur jeuneffe. Après huit ou
dix jours, on confeille de laiffer aux
veaux tout le lait de leurs meres, & de
les faire têter au moins pendant quatre
mois, & les *geniffes* pendant trois.

On doit faire attention que si le lait de la *vache* est trop abondant pour que le *veau* puisse le consommer entiérement, il faut traire celui qu'il ne peut têter.

Il faut séparer les *taureaux* des *vaches*, jusqu'à ce qu'ils ayent atteint l'âge de trois ans. Les *vaches* ne doivent porter que lorsqu'elles feront parvenues également à cet âge.

On fait servir les *vaches* dès l'âge d'un an par des *taureaux* de même force, dans les marais du *Poitou*, d'où la Bretagne a tiré ceux qu'elle a répandu dans ses différents Evêchés, la Société ne sçauroit adopter avec raison, cette méthode, & les habitans du *Poitou* conviennent eux mêmes, qu'on trouveroit beaucoup plus de bénéfice à faire accoupler ces animaux à l'âge de deux ans.

» Un *taureau, pourfuit-on*, suffit pour » faillir vingt ou vingt-cinq *vaches*.

La *Société* recommande ensuite de ne conserver de mâles non opérés ou *en-*

tiers, que ceux néceffaires à la multiplication de l'efpèce. Elle obferve qu'on
devroit faire à tous les autres, l'opération
de la caftration. Un mois après la naiffance des *veaux*, cette opération peut
s'exécuter.

Par cette précaution la Société prévoit que l'on préferveroit les belles races,
des mélanges qui abatardiffent l'efpèce
en bien peu de tems. D'un autre côté
les Propriétaires de ces beftiaux épar-
gneroient beaucoup de foins, en prenant
ce dernier parti. Le grand nombre de
mâles ou de *taureaux* dans un troupeau
de *vaches*, y occafionne fans ceffe du
défordre. Souvent même quelqu'attention que l'on prenne pour féparer les
taureaux trop jeunes d'avec les *vaches*
du même âge, on ne peut empêcher que
ces animaux ne multiplient, avant qu'ils
aient atteint l'âge requis.

La Société exhorte les Seigneurs de
Paroiffes & les Propriétaires de grands
Domaines, à recommander chez eux ces

pratiques fimples & prudentes, & à les exécuter eux - mêmes pour en donner l'exemple à leurs Vaffaux. Il eft ordinairement imité lorfqu'il en réfulte du bénéfice, & c'eft ce qu'on a lieu d'efpérer dans la circonftance préfente.

Ces méthodes font regardées comme les feules favorables à la production de beau bétail. Elles font jugées d'ailleurs ne pouvoir s'exécuter & devenir générales que par cette voye.

On paffe enfuite aux obftacles qui nuiront toujours en Bretagne aux améliorations du bétail parmi les petits fermiers ou les petits propriétaires de terres, fi on n'y remédie.

Le premier de ces obftacles eft le facrifice total du lait des *vaches* qu'il faut faire en faveur des *veaux*.

Le fecond enfin, eft celui de bien nourrir la *vache* pendant le tems que le *veau* fe nourrit de fon lait.

Il faut que ces habitans foient privés du plus favorable des fecours pour eux,

& qu'ils ayent des fourages fuffifants pour alimenter convenablement leurs beftiaux dans ces moments. L'impuiffance ou le défaut d'aifance de ces pauvres fermiers, l'emporte prefque toujours fur toute autre confidération.

La *Société* croit qu'on peut vaincre cette répugnance, fi l'on veut confidérer que le *veau* étant bien nourri, acquerrera une valeur lors de fa vente, qui dédommagera beaucoup de ce que le ménager appelle *perte du lait.*

Cette *Société* fuppofe ici d'ailleurs, qu'un fermier a plufieurs *vaches,* qu'ainfi il doit toujours s'en trouver dont les *veaux* font fevrés, & dont le lait peut fuffire à la confommation de ces propriétaires. Il y a des *vaches* dont les *veaux* ne promettent pas de venir beaux : on peut vendre ceux-là de bonne heure, & profiter en entier du lait que pourroient confommer ces animaux, dont on fe débaraffera. » Au refte, on peut, » *pourfuit la Société,* faire une épargne

» fur le lait, pourvû que ce ne foit pas un
» mâle propre à devenir *taureau* qu'on
» ait à faire nourrir (*a*).

Voici en conféquence les opérations
que la Société a jugé propres à procurer
cette épargne.

On doit traire la *vache* le matin , &
enlever la crême qui furnagera fur le lait,
à midi. Il faudra enfuite faire chauf-
fer une partie de ce même lait avec de
l'eau & de la farine , & le faire boire au
veau qu'on veut élever. Cette nourriture
eft fuffifante pour lui , malgré qu'on le
prive de la meilleure partie de celle (*la*
crême) qu'il recevroit directement de fa

______

(*a*) Il femble que la *Société* devroit confiderer cependant, qu'il y a beaucoup de ménagers en Bretagne comme par-tout ailleurs, qui n'ont qu'une feule & unique
vache , & en même-tems de petits enfans qui ont un befoin indifpenfable de lait. Elle n'indique pas pour ces
Propriétaires, les moyens de fubvenir à leur néceffité
& à celle du *veau* qui naitra de l'animal qu'ils ont en
poffeffion. Nous penfons que de tous ceux qu'on peut
imaginer, le feul eft l'*aifance* ; mais malheureufement
il eft difficile de la procurer à tout le monde. Conféquemment les veaux qui naîtront des vaches apparte-
nantes à de telles perfonnes, ne pourront jamais que
s'abatardir, puifque le Propriétaire & le veau fe trouveront avoir un befoin preffant de la même nourriture.

mere, & qui feroit bien plus naturelle.

On peut aufli faire du beurre tous les jours, & donner aux *veaux* le lait de beurre appellé en Flandres vulgairement *lait battu*, & ailleurs *petit-lait* ; mais alors, il eft néceffaire de faire des *poffons*, (*breuvages*) avec des choux, des navets ou des patates : on eft dans l'ufage de donner cette nourriture en Irlande où les beftiaux font fi nombreux & fi beaux.

La *Société*, ajoute, que lorfqu'on defire férieufement de fe procurer du beau bétail, il faut néceffairement fe réfoudre à faire des avances & à foigner les éléves qui en proviendront.

Par la raifon que l'on n'a jamais que de mauvaifes récoltes en femant des grains altérés, & en labourant imparfaitement les terres deftinées à les recevoir ; de même aufli on ne peut efperer que de foibles beftiaux, fi on n'a pas foin de fe pourvoir de *taureaux* & de *vaches* de bonnes efpèces, & fi on n'en-

C iv

tretient pas ce bétail & celui qui en proviendra, par de bonnes nourritures.

On observe maintenant, qu'on doit faire une distinction par rapport aux lieux qu'habiteront les bestiaux dont on voudra faire des éléves. Dans les cantons dont les nourritures sont propres à fournir en abondance de bon *beurre*, & qui seront voisins de villes où la consommation pourra s'en faire assez favorablement, on trouvera un avantage réel à se défaire promptement des *veaux*. L'espace de cinq semaines leur suffit pour acquerir la qualité propre pour être vendus aux boucheries. Le prix qu'on retirera de cette vente, celui du *lait* & du *beurre* que procurera la mere, surpasseront assurément de beaucoup, la valeur du *veau* qu'on pourroit élever ; mais au contraire, si l'on habitoit des cantons où la qualité du beurre fut inférieure, & que ces cantons fussent éloignés des villes pour le débouché, la *Société* pense

avec fondement, qu'il eſt plus avantageux de faire des éléves.

La *Société* ſçait que les Anglois ont
publié différents bons ouvrages pour
bien adminiſtrer cette partie de l'*Agronomie* ; qu'elle auroit pû en extraire des
inſtruĉtions très-utiles à ſes Compatriotes ; mais que n'étant pas à portée de le
faire par ſa ſituation, ni de répéter leurs
expériences en Bretagne, elle ſe borne
à des regrets & à des vœux pour que la
munificence & la libéralité des ÉTATS
de la Bretagne, les aident dans leur projet.

On finit enfin par dire que cette
Province, en continuant de diſtribuer
dans la Bretagne des *taureaux* & des *vaches* de belle race, produira plus de fruit,
que les inſtruĉtions qu'on pourroit donner. Les progrès de l'Agriculture & du
Commerce y ſont attachés.

La *Société* porte également ſon attention à l'amélioration des *bêtes à laines*
dans la Province, & voici ce qu'elle publie à ce ſujet.

La méthode qu'elle prescrit pour élever les *bêtes à laines* étant aussi sage que
bien combinée, on a tout lieu d'en espérer de bons effets, lorsqu'elle sera pratiquée dans la Bretagne, avec quelque soin.

On conseille, ainsi qu'on l'a recommandé pour les *veaux*, de bien nourrir les
agneaux dans leur jeunesse, & de leur laisser entiérement le lait des *brebis*. On ne
doit pas craindre que la surabondance de
lait arrive à ces derniers animaux comme
aux *vaches*, les *brebis* n'en ont jamais plus
que le besoin de l'*agneau* l'exige.

On recommande de faire têter plus
long-tems le jeune *bélier* que la jeune
brebis, & de séparer ensuite ces jeunes
brebis des jeunes *béliers*, jusqu'à ce que
les premiers de ces animaux, ayent atteint l'âge de trois ans, & les derniers
celui de deux ans & demi. Les *brebis*
auront par ce moyen trois ans lorsque
leur premier *agneau* tombera. Un *bélier*
est jugé suffisant pour servir vingt ou
vingt-cinq *brebis*.

Il seroit favorable à la conservation de la bonne espèce, que l'on ne conservât que les *béliers* choisis pour être employés à cette propagation, & que les autres au contraire, fussent opérés un mois ou environ après qu'ils sont nés. Un trop grand nombre de mâles dans un troupeau de *bêtes à laines* y cause toujours, comme l'on sçait, de grands désordres, quelque soin que l'on apporte pour les éviter.

On a toujours beaucoup d'embarras pour empêcher les jeunes *béliers* ou autres, de saillir les *brebis* trop jeunes, & il est intéressant de ne les laisser s'accoupler qu'à un âge convenable.

La *Société* invite les Seigneurs & les Propriétaires d'avoir l'œil à l'exécution de ces pratiques fructueuses, & elle continue par dire de bien faire nourrir les *brebis* pour entretenir leur bonne race en Bretagne, & afin d'avoir de bonnes *laines* ; comme aussi d'apporter de pareils soins pour les *moutons* (*béliers opérés*) si l'on veut retirer de grands bénéfices, & de leur *laine* & de leur propre vente, étant gras.

Les ÉTATS de la Province font enfin follicités par la Société pour faire venir des *béliers* & des *brebis* de belle race en Bretagne, & cette Société foutient que la diftribution de ces animaux dans la Province, comme elle l'a dit pour les *bêtes à cornes*, opérera de meilleurs effets que des inftructions pour les élever.

Nous allons maintenant rendre compte, ainfi que nous l'avons promis dans notre premier Volume (*a*), des Obfervations de cette laborieufe & eftimable Société, fur la Partie Economique concernant les *Mouches à miel.*

§. §.

MOUCHES A MIEL.

France, Breta-gne.   La *Société* de Rennes regarde le gouvernement des *Abeilles* comme une des branches très-confidérables & très-im-

---

(*a*) *Voyez page* 45, *premier Vol. de notre Corps général d'Obfervations.*

portantes de l'économie ruftique (*a*).
Elle fçait que les *cires* de la Bretagne font
d'une qualité fupérieure, & qu'il s'en fait
un commerce fort étendu ; mais il n'eft
pas jugé auffi profitable à la Province qu'il
y a lieu de le penfer. On pourroit y tri-
pler cette récolte. Elle feroit très-promp-
te, s'il ne s'étoit gliffé un abus prefque
général parmi les payfans. Ces habitans
font périr leurs *abeilles* ou dans l'eau, ou
avec la fumée du *fouffre*, fous prétexte
que de cette manière, ils enlevent en
entier, la récolte de ces Infectes.

Pour parvenir à déraciner cet abus qui
n'eft que trop préjudiciable non-feulement au Public ; mais encore à celui qui
le commet, la Société a examiné les
moyens les plus fimples & les moins dif-

(*a*) Sur le rapport qui avoit été fait aux ETATS par
des Commiffaires le 10 Février 1757, art. 5, de la néceffité d'encourager la multiplication des *Abeilles* en
Bretagne, il n'avoit pas été accordé d'encouragement,
& c'eft ce qui a donné lieu à la Société comme on le
verra par la fuite, de faire de nouvelles repréfenta-
tions à ce fujet.

pendieux pour prendre en entier ou du moins en grande partie, les productions de ces Inſectes (*le miel & la cire*), ſans occaſionner leur deſtruction.

M. DE LA BOURDONNAYE, Procureur Général - Syndic de la Province, dont les opérations méritent les plus grands éloges des Citoyens, avoit déja ſenti toute l'utilité de remédier à un pareil abus. Il conſulta en 1756 feu M. de *Réaumur* (*a*). Cet Académicien le renvoya à ſes Mémoires imprimés pour ſervir à l'*Hiſtoire Naturelle des Inſectes*, & en outre il conſeilla particuliérement à ce Gentilhomme, de ſe ſervir de Ruches d'une forme ſingulière, inventée par M. de *Gelieu autre Gentilhomme* de la Principauté de *Neuf-Châtel*.

La *Société* croyoit alors que l'idée de cette Ruche qu'avoit mis au jour M. de *Gelieu*, avoit été priſe ſur celle rapportée dans la *Collection Académique* (*b*)

(*a*) Sa Lettre eſt du 27 Janvier 1757.
(*b*) Ceux qui feront curieux de connoître la Ruche

d'Angleterre : en conséquence on auroit été charmé que ce dernier Gentilhomme l'eut perfectionnée, & en même-tems simplifiée.

Quoique la lettre de M. de *Réaumur* parût contenir les moyens d'applanir différentes difficultés de détail qui se présentent lorsqu'il est question de suivre le modèle de M. de *Gelieu*, pour construire des Ruches, on résolut cependant, d'en faire venir une, que l'on a reçu.

Cette Ruche a paru à la *Société* très-convenable, pour éviter la continuation de la destruction des *abeilles*, lorsqu'on veut enlever leur *miel* & leur *cire* ; mais la cherté du prix qu'on pouvoit fixer à près de *vingt-quatre francs*, ne pouvoit qu'en éloigner la construction. Il a donc fallu que la *Société* songeât à la fabrication de Ruches à plus bas prix,

---

qui paroît avoir des propriétés pour empêcher les Essaims de Mouches à miel de sortir, & dont on fait usage en Ecosse, la trouveront page 39, Collection Académique, tome 4 de la Partie Etrangere.

& dans la conſtruction deſquelles, on réunit, autant qu'il ſeroit poſſible, l'utilité qu'on rencontroit dans celle de M. de *Gelieu*, & que le payſan le moins aiſé, pût s'en procurer.

On doit cette découverte à M. de la *Bourdonnaye* : ce Citoyen eſtimable préſenta une Ruche de ſon invention telle que la Société la deſiroit, & on ſe modela ſur elle, pour en faire fabriquer d'autres.

Ces Ruches furent dépoſées en différents endroits, & peuplées de mouches ; & ſi les pluyes de l'été n'avoient pas arrêté le cours des travaux des *abeilles*, on pouvoit eſpérer une réuſſite entiere ſur la conjecture de ce qu'on avoit vû dans le printems.

La *Société* expoſa alors les accidents qu'on pourroit prévenir, en changeant la forme des Ruches ordinaires ; c'eſt-à-dire, de celles dont on ſe ſervoit juſqu'à cette innovation, & en même-tems les moyens qu'elle croyoit devoir être

mis

mis en usage pour engager les habitans de la Province à se procurer de ces nouvelles Ruches.

L'abus d'étouffer les mouches à la fin de leur récolte, pour s'approprier la totalité de la cire & du miel, étoit déja parfaitement reconnu préjudiciable à la multiplication de ces Insectes. Il avoit paru plus profitable d'épier ce tems où les Ruches devoient être à peu près pleines, pour forcer les *abeilles* à passer dans une Ruche vuide qu'on leur présentoit.

Accidents qui survenoient en se servant des Ruches ordinaires.

On sçavoit que la belle saison étoit la plus favorable à cette opération. Ces insectes avoient le tems alors de faire les provisions suffisantes pour les nourrir l'hyver suivant ; mais cette méthode, quoique la meilleure de celles usitées, ne laissoit pas que de causer une perte considérable.

Le *couvain* (*a*) étoit emporté avec

____

(*a*) C'est cette multitude d'*œufs*, que la mere abeille place dans les *alvéoles*, ou dans ces trous formés dans les gâteaux.

les gâteaux de *cire* ; ainsi celui qui avoit des Ruches, perdoit un Essaim prêt à naître, & encore ceux que ce même essaim auroit produit dans la suite : cette perte qui parut dans le tems fort sensible à M. de *Gelieu*, fut ce qui le détermina à chercher les moyens d'y remédier.

Description des Ruches nouvelles.

Les Ruches nouvelles, & mises en expériences par la Société, avoient la forme d'une petite tour ronde ou d'un cilyndre creux. On les avoit composé de quatre piéces égales en rondeur & hauteur, & on les plaçoit les unes sur les autres.

Chacune de ces piéces à qui on donna le nom de *hausses* (*a*), prises séparément, avoient cinq pouces de Roi de hauteur, & les quatre piéces placées les unes sur les autres, avoient vingt pouces de hauteur en totalité. Le diamétre intérieur étoit de dix pouces.

____

(*a*) Elles ressemblent beaucoup à ces cercles d'osiers ou de *bourdaines* entrelassés, auxquels on a donné le même nom de *hausse*.

On avoit conftruit ces hauffes en *pail-le*, elles n'étoient pas emboitées ou en-chaffées l'une dans l'autre ; il étoit à craindre qu'en les plaçant les unes fur les autres, elles fe féparaffent facilement, par le premier choc ou le premier vent.

Cette obfervation donna lieu à **M.** *de la Bourdonnaye* de chercher les moyens de prévenir ce danger ; il imagina pour lors de placer horifontalement au bord fupérieur de chaque hauffe, & fur toute leur circonférence, une *ceinture*, un *cordon* ou un *bourlet de paille* qui pût procurer à la bordure fupérieure de chaque hauffe, les moyens de s'emboëter facilement.

Cette addition de bordures fit confidérer deux avantages qui en réfultoient, l'un de donner plus de folidité à la Ruche. Elle pouvoit réfifter facilement contre tout effort ; l'autre, de pouvoir fermer plus exactement & plus aifément les ouvertures qui fe trouvoient entre chaque hauffe, lorfque les quatre hauffes étoient posées l'une sur l'autre. La Ruche étant entiere ou composée de ses quatre parties, il ne s'agissoit que de la couvrir d'une planche chargée d'une pierre.

Après qu'un essaim se seroit établi dans une Ruche de cette nature ; qu'il auroit rempli de *cire* & de *miel* les trois hausses supérieures, & qu'il continueroit son travail pour remplir celle d'en bas, on pouvoit prendre un fil de *fer*, plus long que le diamètre de la Ruche & des bourlets ; on en tenoit un bout à chaque main ; on embrassoit ensuite la Ruche avec les bras & le fil de fer, & on tiroit ce fil à soi, en le faisant glisser sur le bourlet qui terminoit la troisiéme hausse. La quatriéme hausse se trouvoit pour lors détachée de la Ruche, & ce qu'elle contenoit pouvoit s'enlever sans risque, &c.

Cette hausse étant levée, on remettoit incontinent la planche avec la pierre qui la rendoit solide, sur le sommet des trois qui restoient. Lorsqu'on avoit enlevé ce qui étoit contenu dans cette hausse supérieure, on la replaçoit au-dessous des trois autres : de cette façon cette même hausse qui étoit auparavant la quatriéme, se trouvoit la première.

Les personnes qui s'attachent au gouvernement des *abeilles*, sçavent parfaitement que ces Insectes augmentent leur travail & leur récolte, lorsqu'elles trouvent quelqu'espace de vuide dans leur Ruche : de cette maniere la nouvelle espace qui leur procuroit l'addition d'une hausse dans la partie inférieure de la Ruche, devoit les exciter à redoubler de travail pour le remplir, ce qu'elles remplisent en effet.

Cette hausse inférieure étant pleine, on enlève encore la supérieure ou la quatriéme, & on répéte cette opération jusqu'à ce qu'elle ne permette plus d'enlever aux *abeilles*, les provisions qui leur sont nécessaires pour les alimenter pendant l'hyver.

On ne peut douter que le *couvain* ne

foit toujours dépofé dans la partie inférieure des ruches : en pratiquant les opérations que nous venons de rapporter,
il n'eft donc pas poffible de l'enlever,
puifqu'on n'enlève que la hauffe d'au-
deffus de la Ruche. Avant que la hauffe
d'en bas devienne la fupérieure, le *cou-*
vain a déja fourni un effaim, & l'effaim
a pris l'effor.

Ces confidérations engagerent la Société à accréditer en Bretagne les conf-
tructions des Ruches, à l'inftar de celles
de M. de *Gelieu* qui font en bois. Elles
préviennent, comme on vient de le voir,
les inconvénients des méthodes fuivies
inconfidérément jufqu'à préfent, & le
prix exceffif de leur valeur a engagé
M. de la *Bourdonnaye* à en conftruire en
paille.

Il eft vrai, obferve la *Société*, que les
Ruches de M. de la *Bourdonnaye* font
un peu plus cheres que celles qu'on
employe ordinairement ; mais elles donnent un quart de logement ou environ

de plus que les anciennes, & par conséquent plus de profit. La *Société* donne
ensuite, le prix que ces Ruches peuvent
couter. Il est inutile que nous le rap-
portions, la main-d'œuvre étant différente dans les différents Pays où notre
ouvrage est répandu.

Pour l'intelligence de tout ce que la
Société vient d'observer, elle a donné le
dessein de ces Ruches : nous l'avons fait
tracer planche première, figure A , (a).

La *Société* espéroit en 1758, étre bientôt en état de prononcer avec certitude
sur les avantages qu'on pouvoit retirer
de la nouvelle construction de Ruche à
mouches à miel. Quelques Associés pla-
çerent quelques-unes de cesRuches chez
eux, & la *Société* continua à placer celles
qu'elle avoit fait construire dans les endroits par elle assignés. » Ces expérien-
» ces devront naturellement, *dit-elle,*

____

(a) *Voyez à la fin de ce Volume*, l'explication y fera
faite en même-tems.

D iv

» produire des piéces de comparaison
» décifives.

En continuant les mêmes obfervations, on confidere que comme ces con-
fervations & multiplications *d'abeilles*
en Bretagne, font un objet important,
on ne peut pas héfiter d'encourager les
Payfans à fe fournir de ces Ruches : en
conféquence la Société juge qu'il feroit
à propos qu'on fit publier une inftruction
générale, fimple & à la portée de tout
le monde, pour élever ces Infectes ;
quoique la *Société* fcache qu'on ait déja
beaucoup écrit (*a*) fur les *abeilles*, elle
croit devoir encore répéter les expériences, & faire différentes obfervations,

______

(*a*) Un *Affocié* du Bureau de Dol avoit auffi donné un
Mémoire, où il avoit raffemblé les recherches qu'il avoit
faites fur cette branche de l'Economie ruftique, & la
Société a trouvé que dans ce Mémoire une partie des
matériaux pouvoit être employée par la fuite, à la for-
mation des inftructions projettées. Elle efpéroit encore
d'être fecourue par différents Affociés qui fe propo-
foient de s'appliquer à des recherches qui intéreffent
cet objet. Nous venons de recevoir d'Italie un Traité
fur les Abeilles, par *Jean Rucellai*, Gentilhomme Flo-
rentin, avec des Obfervations de *Jofeph Bianchini*. Nous
en avons reçu auffi de *Danemark*. Nous les traduifons, &
nous en rendrons compte par la fuite.

avant que de publier des inſtructions ſur cette partie.

La *Société* démontrant encore les avantages qui réſulteroient d'une plus grande récolte en *cire* & en *miel*, propoſe aux ETATS de vouloir bien encourager, par quelque diminution ſur la taxe de la Capitation (*a*), ceux qui auroient au-deſſus de ſix Ruches d'*abeilles*. Elle indique en même-tems des moyens pour parvenir à empêcher la fraude dans les déclarations des habitans qui feroient ces récoltes ; mais ces moyens ne pouvant avoir lieu qu'en Bretagne, nous ne devons pas les rapporter ici.

On propoſe encore d'accorder des exemptions de corvées de grands chemins, à quiconque auroit une certaine quantité de Ruches ; on croit parvenir par-là à exciter l'émulation parmi les Payſans.

____

(*a*) La *Société* avoit puiſé cette idée ſur une Ordonnance du 15 Octobre 1757, de feu M. *Feydeau de Brou*, *Intendant de Rouen* ; ce Magiſtrat accordoit des diminutions ſur la Capitation, ſur la Taille, à proportion du nombre des Ruches qu'avoit chaque Payſan.

On finit , enfin, par dire, que loin
de craindre que l'encouragement proposé, devienne une surcharge pour la
Province, il seroit à desirer qu'il pût
former un objet un peu plus sensible. On suppute, pour établir ce systême, à combien pourroit monter la totalité des modérations qui seroient ac-
cordées sur la Capitation, à un certain
nombre d'habitans, qui auroient chacun
plus de six Ruches : en même-tems on
considere par comparaison , l'augmentation de la récolte en *cire* & en *miel*,
& le produit de cette même augmentation de récolte. On démontre ensuite
que l'exécution du projet proposé, ne
peut qu'être avantageux à la Province.

Lorsque les récoltes en *cire* & en
miel seront reconnues suffisantes dans la
Province, l'avis de la *Société* est qu'on
supprime les gratifications ou encoura-
gements accordés : on donne pour exemple, ce qui a procuré au *Languedoc* les
belles manufactures en laines , dont cette

Province abonde. Elle avoit éguillonné les Fabriquants, par de légeres gratifications.

En 1760, la *Société* ne perdit pas les *abeilles de vûe*, & elle fe propofa alors de démontrer les inconvénients qu'il y avoit à fe fervir de Ruches de M. de *Gelieu*, approuvées par M. de *Réaumur*, & corrigées ou du moins rendues moins cheres, par M. de la *Bourdonnaye*. Les différentes expériénces que la *Société* avoit faites par elle-même, & les obfervations que les différents Affociés s'étoient pareillement chargés de faire, comme nous l'avons dit, éclairerent la *Société ;* elle trouva enfin défectueufes, les Ruches dont étoit queftion ; & voici ce qu'elle publia à ce fujet.

M. *de la Bourdonnaye* fut un des premiers à faifir les inconvénients dont ces nouvelles Ruches étoient fufceptibles. Il en informa la *Société*, qui comme lui, avoit fait la même découverte ; ils font fi confidérables & fi nuifibles, que le rap-

port d'un seul, suffit pour déterminer le
Public à ne point se servir de ces Ruches.

Inconvénient qui résulte, en se servant de la Ruche de M. de Gelieu.

Le fil de *fer* qui sert à faire la sépara-
tion de la hausse supérieure d'avec la
troisiéme, coupe transversalement ou en
travers, tous les gâteaux, & par conséquent beaucoup d'*alvéoles* remplies de
miel : ce *miel* découle alors très-rapide-
ment sur les gâteaux qui remplissent les
hausses inférieures : en se répandant, il
englue quantité de *mouches* qui en se
débattant, en enduisent d'autres, de façon qu'il en périt beaucoup.

Cet inconvénient avoit d'abord échappé
tout à fait. D'autres difficultés de pratique,
quoique moins considerables, avoient
seulement & tout de suite déterminé M.
de la Bourdonnaye à chercher d'avance,
les moyens de perfectionner en général,
les *Ruches vulgaires,* ou celles dont on
se sert ordinairement. En même-tems
celles de M. de *Gelieu* qui étoient an-
noncées comme les plus parfaites par

M. de *Réaumur*, avoient été celles qu'il adopta & qu'il simplifia.

Mais aujourd'hui que cet Associé a trouvé les moyens de parvenir à la totalité de ces perfections desirables, il a imaginé une nouvelle Ruche, & il en a fait part à la *Société* en la lui envoyant. On a donné à cette Ruche, le nom de *Ruche Ecossoise* (*a*).

Cette Ruche est en paille comme celle que M. *de la Bourdonnaye* avoit déja pareillement remis à la Société. Elle est composée de deux piéces assez semblables aux hausses dont nous avons parlé, on va en voir la seule différence. On les place l'une sur l'autre. Chacune de ces piéces a douze pouces de Roi de diamètre intérieur, & onze pouces de hauteur. Etant réunies, elles for-

Description de la Ruche Ecossoise.

(*a*) Ce fut au commencement de Mars 1759, qu'il écrivit à la *Société* une lettre très-circonstanciée & très-bien détaillée. Le nom qu'il donne à la Ruche dont il envoye le modéle, est fondé sur ce qu'il lui a trouvé du rapport avec celle décrite comme nous l'avons déja dit, page 46 précédente, dans la *Collection Académique, Partie Etrangere.*

ment pour lors une Ruche qui a une hauteur de 22 pouces. Chacune de ces piéces a un feul fond, auquel on fait un trou de 15 ou 18 lignes en quarré. Le côté qui fe trouve fans fond, pofe fur le *tablier* ou la *planche* qui fupporte la Ruche. La piéce de deffus pofe fur le fond de celle d'en bas. On a donné à ces Ruches une folidité parfaite.

Cette conftruction eft très-favorable aux opérations que l'on a déja reconnues utiles, & que nous avons décrites.

En effet, les *abeilles* ayant rempli la piéce d'en haut, fe trouvent arrêtées par le fond de celle d'en bas, qui forme une efpèce de plancher. Il eftplacé à peu près au milieu de la hauteur de celle de la Ruche. Ces Infectes continuant leur travail, fongent à remplir la piece de deffous.

Lorfque ces deux piéces font remplies, on enlève celle de deffus, & en même-tems la *cire* & le *miel* que l'on y trouve. Etant vuide, on remet cette dernière piéce fous celle fur laquelle au contraire elle étoit, ou on la place fur le *tablier* : de cette façon le *couvain* eft auffi-bien confervé que les *abeilles*. On ne peut pas craindre que ces Infectes foient fans nourritures pendant l'hyver, quand les étés & les automnes font pluvieux, & qu'ils ne peuvent aller chercher leurs provifions.

Non-feulement M *de la Bourdonnaye* a approuvé cette nouvelle Ruche, mais encore deux autres Gentilshommes dignes de confiance, parce que la réuffite avoit fervi leur attente.

Lorfqu'on s'en eft fervi la première fois, voici la méthode qu'on a obfervée. On a dépofé une *Ruche vulgaire*, qui n'étoit pas tout-à-fait pleine, fur une des piéces de la nouvelle, nommée *Ruche Ecoffoife*. On a eu foin de la *luter* (a) éxactement, non-feulement de

______

(a) On entend par *luter*, enduire foit les couvertures de la Ruche, les jonctions des piéces, l'entrée qui fert de paffage aux mouches, foit l'entiere furface extérieure des piéces, avec de l'*argille* délayée avec de l'eau, ou autres matieres liquides.

crainte que les *abeilles* ne continuaffent de fortir & d'entrer par le paffage ordinaire ; mais encore auffi, par l'appréhenfion qu'on avoit, que la lumière & l'air ne paffaffent à l'endroit de la jonction.

Par la fuppreffion de ce paffage, on a fermé l'entrée & la fortie des mouches, & on les a contraint de paffer par le trou pratiqué dans le fond de la piéce joint à la Ruche vulgaire.

Ces *abeilles* continuerent de travailler, comme fi l'entrée de leur ruche avoit été la même ; cependant on s'apperçut au bout de quelque-tems, que ces Infectes n'avoient pas travaillé dans la piéce de fupplément ; ce qui faifoit craindre qu'ils n'y euffent jamais effectué leurs opérations. Vers le milieu du mois de Novembre, on étoit encore dans l'incertitude ; mais quelque-tems après, leur travail commença dans cette piéce, & bien-tôt elle fut remplie.

La *Société* confeille à ceux qui voudront

dront faire ufage de ces Ruches nouvelles, de fuivre le chemin qu'a tenu M. *de la Bourdonnaye*. Ils doivent commencer par mettre une Ruche vulgaire bien peuplée, fur une piéce de ces Ruches nouvelles, & l'y laiffer tout auffi long-tems que cette piéce pourra être remplie des productions des *abeilles*, & qu'elles travailleront dans la piéce inférieure rapportée. On enlevera alors la Ruche vulgaire, on lutera le trou pratiqué dans le fond de la piéce qui fe trouvera à découvert, enfuite on en retirera le *miel* & la *cire* contenus dans la Ruche enlevée.

Dans le même moment, on mettra une piéce vuide fous celle où les abeilles auront travaillé. Ce qui fera répété toutes les fois que les *abeilles* ayant rempli la piéce fupérieure, commenceront à travailler dans celle de deffous. Il en fera ainfi des autres opérations que nous venons d'indiquer.

On peut recevoir les *effaims* dans une

des piéces, & lorſque le travail ſera avancé, aggrandir leur logement, par une ſeconde piéce, qui ſervira de hauſſe à la premiére.

On ſatisfait à tout ce qui eſt néceſſaire, en ſe ſervant de Ruches de cette forme.

En effet, non-ſeulement les *abeilles* ſont conſervées auſſi-bien que leur *couvain ;* mais encore, on récolte beaucoup de *cire* & de *miel.*

M. *Duhamel,* dans le rapport qui eſt fait dans les *Mémoires de l'Académie Royale des Sciences* (a), approuve beaucoup cette ſorte de conſtruction. Cet Académicien dit que le Curé de *Tillay-le-Pelieux* plaça un fort *panier* ſur le fond d'un *cuvier* renverſé, auquel il avoit fait un trou. Les mouches remplirent » tellement le *cuvier,* de *gâteaux* épais, » dont les *alvéoles* profondes reſſem- » bloient à des *tuyaux* de *plume,* que le

______

(a) Année 1757.

» fieur *Desbois* qui l'acheta du Curé,
» retira de ce *cuvier*, cinq à fix livres
» de *cire*, & quatre cens vingt livres de
» *miel*.

Ce récit donne une approbation des
plus marquées à l'effet des recherches de
M. *de la Bourdonnaye*. On peut confiderer la nouvelle Ruche comme deux petits *cuviers*, l'un fur l'autre, où l'on com-
munique par un trou.

Tout ce que nous venons de rapporter eft joint à la recommandation de la
Société. Elle s'empreffe d'inviter le Public à adopter ces fortes de Ruches.
Elle les juge très-favorables aux travaux
des *abeilles* & à leur multiplication.

La Société termine cette obfervation
fur les *mouches* à *miel*, par l'indication
d'un reméde qu'elle dit propre à la def-
truction des *mulots*, qui d'ordinaire nui-
fent beaucoup aux *abeilles*. Ils y caufent
toujours tant de défordre, qu'on ne peut
trop chercher à y remédier.

» Il ne faut pour cet effet, *dit la So-*

» *ciété*, qu'isoler les Ruches, & les éloi-
» gner des murs & des hayes. Il faut
» avoir aussi attention de couper les
» grandes herbes qui peuvent environ-
» ner leurs *tabliers*.

» On élévera le *tablier* de façon qu'un
» *mulot* n'y puisse parvenir en sautant. Il
» faut le porter sur deux *piquets*, aux-
» quels on l'arrêtera avec de longs clous :
» de cette façon ces animaux ne pour-
» ront parvenir sur ce *tablier*.

Nous donnerons à la fin de ce Volume
& la forme de cette disposition de *tablier*
& celle des différentes parties de la Ruche avec l'explication (*a*).

(*a*) Voyez Planche A. fig. 2.

ÉCLAIRCISSEMENTS
NÉCESSAIRES
DEMANDÉS SUR DIFFÉRENTS OBJETS
D' *AGRICULTURE.*

I.

Sur les vrayes désignations des différentes
espéces de nature de terre, & quelques
instructions pour y parvenir.

LE défaut de la vraye désignation des
différentes espéces de nature de terres
propres au *lin* comme on l'a vû (a), est
consideré par la *Société de Rennes*, comme un obstacle au perfectionnement de
cette plante. Malheureusement il ne nous
est pas encore parvenu une solution assez
convaincante pour nous engager à la
publier. Les méthodes proposées, éxi-
gent des expériences, & les expériences
veulent du tems.

S'il est difficile de distinguer les terres

______
(a) Voyez ci-devant page 27.

E iij

favorables à la culture du *lin*, il ne l'eſt pas moins de déſigner exactement celles qui ſont propres aux autres plantes. Voici ce que la Société de Rennes qui prévoit, auſſi-bien que nous l'avons fait (*a*), la néceſſité de ces déſignations, adreſſe aux perſonnes qui lui demandent des inſtructions relatives à cet objet.

›› Ceux qui demandent des inſtruc-
›› tions ſur l'Agriculture, & ceux qui
›› deſirent d'en donner d'utiles, éprou-
›› vent des embarras infinis par rapport
›› aux expreſſions dont ils ſe ſervent.

Ces expreſſions de terres *peſantes*, de terres *légeres*, de terres *médiocres*, de terres *graſſes*, &c. ſont trop vagues, & ne peuvent donner une idée claire, de ce qu'on entend par leur ſignification ; nous ajoutons même à ce que la *Société* obſerve, qu'on ne conçoit pas trop non plus, la vraye indication d'une terre en la nommant *chaude*, *froide*, *humide*, *ſé-che*, &c.

____

(*a*) Voyez p. 57 de notre premier Vol. du Corps d'Ob-ſervations.

C'eſt en vain que la *Société* a cherché les moyens de déſigner parfaitement cha- que eſpéce de terres par un caractere abſolu & diſtinctif. Les *anciens Auteurs* qui ont écrit ſur l'Agriculture, ne l'ont pas mieux ſervi que les Modernes. La Société s'eſt attachée enſuite à étudier les terres en elles-mêmes, à les ſoumettre à dif- férentes épreuves, pour tâcher de ſaiſir entre elles, un terme de comparaiſon. Ce travail pénible ne l'a pas plus ſatis- fait. Il n'a ſervi qu'à lui faire ſentir da- vantage la néceſſité de fixer à cet égard, des principes à peu près certains. Toutes ces opérations n'ont pas découragé cette *Société*; elle perſiſte toujours à demeu- rer dans la carriere des découvertes. » Plus il y aura d'Obſervateurs occupés » à chercher les moyens de déſigner ſpé- » cifiquement chaque eſpéce de terres, » plus l'on doit eſpérer de déchirer le » voile qui dérobe une connoiſſance ſi » néceſſaire. La *Société* eſpere que les » Citoyens ſe porteront à la ſeconder

E iv

» dans ce travail, & l'aideront de leurs
» lumieres. Les connoiſſances en *Phyſi-*
» *que*, & ſur-tout en *Chimie*, mettent
» à portée, *pourſuit la Société*, de ſe li-
» vrer à ces recherches avec quelque
» eſpérance de ſuccès (*a*).

La découverte de cet objet, qui eſt regardée par la Société, comme des plus
eſſentiels (& dont nous avons ſenti la
néceſſité,) (*b*) l'engage à dire, » qu'elle
» ſçait que les terres ne ſont pas uni-
» verſellement les mêmes dans un autre
» pays ; que delà la diviſion générale en
» *terres-légeres* ou *peſantes, bonnes, mé-*
» *diocres* ou *mauvaiſes* , n'exprime pas
» aſſez la relation des terres entre elles,
» & que cette diviſion peut tout au plus

(*a*) Il ſemble que la Société de Rennes ne s'accorde
pas ici avec quelques *Journaliſtes* ſouvent plus officieux
qu'ils ne devroient l'être. Ils prétendent que les *princi-*
pes fondamentaux de l'Agriculture puiſés dans la *Chimie*
& la *Phyſique*, ainſi que nous les avons établis (*), ſont
inutiles aux *Agriculteurs*.

(*b*) *Voyez* pag. 57. *& 328 de notre premier Volume du*
Corps d'Obſervations.

(*) *Voyez le premier Chapitre de notre Partie d'Agriculture.*

» fervir pour chaque canton en particu-
» lier.

En effet, on ne peut établir par cette divifion, ainfi que le bien de l'Agriculture le demanderoit, la relation des terres de tous les pays.

La *Société* démontre après cet expofé, toute la néceffité de pouvoir jouir pour fa Province, des découvertes qu'on pourroit faire à cet égard.

Par la connoiffance éxacte des différentes efpéces de nature de terres, on obferve qu'il feroit poffible de découvrir le principe de leur fécondité. Le lien qui eft entre ce principe, & l'action que les engrais lui donnent ou en reçoivent, fe montreroit fans doute ; alors on conçevroit qu'elles feroient les opérations à exécuter pour feconder les nourritures dans toute leur efficacité.

On fe récrie fur ce que les Anciens & les Modernes qui ont écrit fur l'*Agriculture*, ne fe font pas attachés à développer ces principes. On cite à cette occa-

fion la differtation de M. *Kulbel*, *Méde-
cin du Roi de Pologne* (a), & on le regarde comme le feul qui ait encore penfé
à donner là-deffus des éclairciffements (b).
On ajoute que ce ne font pas, ni des Laboureurs, ni même des Amateurs d'A-
griculture-pratique, qui feront une dé-

(*a*) Il y eft traité *des caufes de la fertilité des terres.*
Cet *Auteur* prétend que la vraye caufe de cette fertilité,
eft une efpéce de *terre graffe*, *onctueufe & falubre*, & que
les terres dans lefquelles elle eft la plus abondante, produifent le plus d'arbres, de plantes, &c. avec le fecours
du *foleil*, (*il a voulu dire la chaleur*), des *pluyes*, & de la
culture.

D'ailleurs, cet *Auteur* parfaitement éclairé fur d'autres principes, paroît n'avoir pas faifi celui-ci : on ne
peut, fuivant nous, attribuer la fertilité des terres qu'à
une certaine quantité de nourritures liquides & non ter-
reufe, qu'elles peuvent recevoir, & enfuite comme le dit
fort bien l'*Auteur*, aux influences moderées de la *chaleur*,
du *froid*, des *vents*, &c. & de la bonne culture, (*divifion*, *ameubliffement des terres*,) pour pouvoir les feçon-
der & les faire recevoir amplement & fructueufement
par la terre.

(*b*) On connoît déja plufieurs ouvrages Anglois qui
en ont traité, & c'eft ce que nous avons envie de faire.
Ceux qui ont pris lecture de notre premier Volume
d'Agriculture, ont dû fentir que notre but n'eft dirigé
que vers ce point effentiel, & qu'il s'adreffe à des *Agriculteurs*, (*nous en difons affez pour ceux-ci*) & non à des
Phyficiens, des *Chimiftes*, (*nous en difons trop peu pour
ceux-là*, & à des *Laboureurs*, (*pour ces deniers nous en difons trop maintenant.*) Nous nous réfervons à parler à ces
derniers, qui font les *Cultivateurs-Praticiens*, des méthodes établies fur ces vrais principes, & d'une façon
plus intelligibles : en un mot, à leur portée.

couverte ſi importante ; cette découverte demande des perſonnes verſées dans la *Phiſique*, dans la *Chymie*, & qui ayent l'eſprit d'obſervations & d'expériences.

Ces principes dont on reconnoîtra la ſolidité par la pratique étayée ſur eux, favoriſeront & éclaireront le travail du Laboureur, qui n'a que cette pratique en vûe & pour *bouſſole*. On rapporte au ſoûtien de cette opinion, que le *perfectionnement* de la navigation, n'eſt dû qu'aux découvertes en ASTRONOMIE & en ALGEBRE appliquées à la GÉOMETRIE (a). Le perfectionnement de l'Agriculture, *inférons-nous*, ne pourra être dû qu'aux découvertes en *Phyſique* & en *Chimie*, appliquées à l'*Agronomie*.

La *Société* qui attend tout de cette lumiere, & qui reprend le diſcours qu'el-

______

(a) Cette obſervation ne peut que nous flatter. Nous nous trouvons d'accord ſur ce point, avec la *Société de Rennes*. Société fort laborieuſe & fort entendue. En effet, ſans les connoiſſances de *Phyſique* & de *Chimie*, on ne peut eſperer de progrès en *Agriculture*.

le avoit quitté, expofe les obfervations qui ont été faites jufqu'à ce moment, pour établir des divifions un peu plus exactes, entre les différentes efpéces de nature de terres.

» On s'en eft tenu, *dit-elle*, pendant » fort long-tems, à parler de *terres for-* » *tes* & de *terres légeres*, » cette défignation eft intelligible ; & la définition de *terres moyennes* dont l'efpéce eft intermédiaire, n'eft pas plus claire.

On prétend que M. *Patullo* a donné à cette occafion quelque idée plus nette & plus précife. Il défigne les terres par les proportions des parties argilleufes & fablonneufes qui les compofent. Cet *Auteur* nomme *terres-fortes*, celles où l'argille domine,& *terres-légeres*,celles où le fable l'emporte ; enfin, il veut qu'on appelle *moyennes* celles qui feront compofées d'un mélange quelconque d'*argille* & de *fable* ou de *gravier*.

Sur l'indication des matiéres dont le mélange eft favorable à l'amélioration de ces différentes espéces de terres, il donne lieu nécessairement à en conclure que la terre qu'on peut rendre le plus facilement fertile, est-celle où l'*argille* & le *sable* sont dans la proportion la plus convenable à la végétation ; mais malheureusement, *dit la Société*, cette proportion est encore inconnue. Il n'est donc pas facile de se servir de ce systême, qui paroît, *suivant nous*, assez dénué de fondement.

Celui que nous avons rapporté (*a*), & qui concerne le même objet, peut encore induire à des erreurs. Il est cependant très-important de les éviter pour ne pas lasser & rebuter le *Cultivateur*.

L'*Auteur du Guide des Laboureurs*, semble entrer plus directement dans les vûes de la *Société de Rennes*, & nous croyons même que la voye qu'il a tenté, est la seule bonne. Quoiqu'il en soit, nous nous joignons à cette Société pour réïterer la demande des éclaircissements nécessaires à ce sujet.

(*a*) *Voyez page* 328 *de notre premier Vol. d'Agriculture.*

I I.

Sur les différentes efpéces de nature de terres qu'on peut appeller primitives, ou terres dont les autres font des compofés.

La *Société de Rennes*, en fuppofant l'*argille* & le *fable*, TERRES PRIMITIVES d'où les autres peuvent dériver, ne croit pas être plus éclairée fur cet article, qu'elle l'étoit auparavant. Tout femble lui indiquer qu'elle doit y joindre la *terre calcaire*. Elle décide que ces trois natures de terres font en effet, les éléments qui conftituent la plûpart de celles qui produifent, après la fertilité qu'elles ont obtenue par l'*engrais* & la *culture*.

Pour étayer d'autant plus ce fyftême, elle ajoute que ces trois terres font fenfiblement d'une nature différente, & elle les définit.

» L'*argille*, *dit-elle*, eft une terre vif-
» queufe, graffe au toucher. Elle fe di-
» vife promptement dans l'eau & en par-

» ties très-fines. Elle contient une hu-
» meur onctueuse qui lui est propre (*le*
» *gluten*) ». Le feu la lui enléve, & une
fois qu'elle en est épuisée, on ne peut
la lui rendre. On sçait qu'elle ne fait
pas *effervescence*, c'est-à-dire, *bouillonne-*
ment, avec les acides ; qu'elle devient
rouge & très-dure dans le feu, & que
dans cet état, & lorsqu'elle est frappée
avec de *l'acier*, elle donne des *étein-*
celles (a).

La *terre calcaire*, (*la craye* , *&c.*) au
contraire, ne ressemble en rien à celle-
ci, elle fermente avec les acides, &
elle se dissoud par son action. On la
trouve ordinairement mêlée avec des
parties de sable, & ces parties ne par-
ticipent aucunement à la fermentation,
ni à la dissolution causée par les acides.

(*a*) Cette définition n'est pas juste, il se trouve de
l'argille qui ne produit aucune *éteincelle*, étant frappée
avec de *l'acier.* Nous renvoyons là-dessus au Livre inti-
tulé *Guide des Laboureurs* , ouvrage que nous venons de
citer. Il est composé par un de nos Correspondants. Il
est fort instructif sur les désignations des *différentes espé-*
ces de nature de terres, *&c.* le style est d'ailleurs à la portée du Paysan.

Le fable eft regardé comme un corps dur, vitrifiable & ftérile par lui-même. Il ne contient pas d'humidité.

La *Société* obferve que ces trois natures de terres diftinguées, étant féparées, ne fçauroient cooperer à la *germination*, à la *végétation*, & à l'*accroiffement* des plantes dépofées dans leurs feins. L'*argille* qu'on croyoit y avoir plus de difpofition que les autres, eft également ftérile ; mais leur mélange conftitue toutes les terres où s'opere la *végétation*, fans en excepter le *terreau*, que différentes raifons cependant, femblent empêcher de ranger parmi les terres primitives.

Ces principes ne font pas fuffifants *fuivant nous*, pour démontrer que l'*argille*, la *craye* & la *terre calcaire* foient les terres primitives, ou celles qui entrent dans la compofition des autres.

En effet, M. *Hôme* (a) penfe au con-

____

(a) *Voyez fes principes de l'Agriculture & de la Végétation, page* 14. *petit in-*12.

traire,

traire, que les terres ne font bonnes ou mauvaifes, graffes ou maigres, qu'en proportion qu'elles contiennent plus ou moins de BONNE-TERRE-NOIRE, qui eft le *terreau.*

M. *de Buffon* (a) prétend qu'il n'y a qu'une terre primitive qui eft le *fable.*

De Serres affure que la terre eft *argilleufe* & *fablonneufe* : ce qui revient affez à ce que la Société de Rennes penfe (b), & entierement à ce qu'a dit l'*Auteur du préfervatif contre l'Agromanie* (c).

Un *Affocié* de la Société de *Dublin* dont nous avons rapporté les réflexions, n'admet que le *fable* & la *glaife* (d).

Bradley dit qu'il n'y a dans le monde que de la *terre ferrée* ou *légere* (e).

Columelle en connoît de trois efpé-

(a) *Hiftoire Naturelle, tome premier.*

(b) *Voyez fon Théâtre d'Agriculture.*

(c) *Voyez ce Livre page* 56.

(d) Voyez notre premier Volume du Corps d'Obfervations pag. 16.

(e) *Calendrier des Laboureurs,* page 18 du Difcours préliminaire.

ces (*a*) affez mal-à-propos, & bien d'autres Auteurs en veulent plus ou moins.

Ces différentes déterminations de terres primitives, nous paroiffent, ainfi qu'à bien des perfonnes, peu certaines, & ces opinions diverfes ne peuvent que reculer la fixation de la pratique que nous avons à établir, pour améliorer les différentes fortes de terres qui compofent chaque fol.

I I I.

Sur les améliorations des terres.

La *Société de Rennes* prétend que le mélange ou l'amélioration des terres primitives dont nous avons déja rendu compte, en fuppofant, comme cette Société, qu'il n'y ait que ces trois fortes de terres, doit être pour devenir efficace, dans une proportion d'*argille*, de *craye* ou de *fable*. Elle dit en même tems qu'on ne peut fixer cette propor-

____

(*f*) *Voyez le Livre de cet Auteur*, partie de *re ruftica*, Lib. fecond, Chap. 2.

tion qui feule conduiroit à la fertilité.
Elle ajoute même que cette amélioration
doit être compofée de façon que les engrais agiffent le plus puiffamment qu'il
eft poffible, foit par eux-mêmes, en re-
cevant de la *terre*, de l'*air* & de l'*eau*,
les moyens de nourrir les végétaux, foit
comme *véhicules* (*a*), en mettant en action les principes fécondants de l'*air*, de
l'*eau* & de la *terre* (*b*).

Malgré qu'on méconnoiffe la nature & le fiége des principes fécondants, *dit la Société*, (ce qui, *fuivant
nous*, n'eft pas exactement vrai,) on peut
fe rendre raifon de la néceffité du mélange des terres qu'elle fixe *primitives*,
pour éloigner la ftérilité.

L'extrême vifcofité de l'*argille* empêche les racines des plantes de s'y déployer & d'y pénétrer. Cette terre ne

---

(*a*) Corps qui a la vertu de pouffer, de chaffer.
(*b*) Nous avons commencé d'expliquer ces principes, & nous les acheverons. Il paroit qu'on ne peut
douter des opérations qu'exécutent ces engrais fur les
terres. *Voyez notre premier & fecond Volume d'Agricultures*

donne aucun paſſage aux *eaux pluviales*, aux *roſées*, &c. La *calcaire* au contraire, le *ſable* encore plus, laiſſent un libre paſſage aux racines ; mais les plantes manquant de ſubſiſtances, faute d'aliments, doivent néceſſairement s'y flétrir & périr. Le mélange peut donc remédier ſuffiſamment à ces différents inconvénients.

On prouve enſuite quel eſt le motif qui coopere à rendre une terre ainſi mélangée, fertile ; la viſcoſité, la ténacité de l'*argille* eſt détruite par le *ſable* qui s'inſinue entre les pores de l'*argille*, & pour lors il ſe trouve une eſpéce de paſſage à travers cette terre. L'eau y pénetre facilement, & l'*argille* peut la conſerver après l'avoir reçue : ce que le *ſable* ſeul ne pourroit faire.

Et effet, l'*argille* eſt ſuſceptible de gonflement, & la ténuité ou délicateſſe de ſes parties, empêche l'eau de s'échapper. Les racines profitent pour lors des paſſages que le *ſable* leur a ouvert, ainſi que de l'humidité que les parties de l'argille confervent.

On convient enfuite que toute terre ne contient pas de la *terre calcaire*, & on ajoute que lorfqu'elle entre dans le mélange, elle opere le même effet que le *fable*. Elle fouleve & divife les parties de l'*argille*. Elle attire l'eau répandue dans l'air, & les acides prétendus feulement répandus dans la terre. Cette propriété, *dit-on*, lui eft naturelle.

Ces *terres calcaires* occafionnent alors l'*effervefcence* ou le *bouillonnement*; & quoique cette opération foit infenfible à nos fens, la fermentation qui s'effectue par ce moyen, n'eft pas moins favorable à la végétation.

La *Société*, quoiqu'on doute avec raifon fur la folidité de cette théorie, ne peut fe difpenfer de dire qu'il feroit néanmoins très-important pour les progrès de l'Agriculture, de rapprocher les terres qu'on cultive, de ce point de mélange inconnu; on en retireroit des récoltes abondantes & fructueuses ; mais elle pense que malgré la nécessité qu'il y a de découvrir ce mélange, cet objet ne peut être rempli qu'en tâtonnant.

D'après ce que nous venons de rapporter, il est conséquent que cette *Société* approuve la méthode de M. *Patullo*, qui conseille d'après M. *Hales* & *Home*, *Auteurs Anglois* (*a*) & *Ecossois*, de faire améliorer les terres argilleuses avec du *sable*, & de donner beaucoup plus de consistance aux terres sablonneuses, en les mêlant avec de l'*argille*. En suivant ce principe, on entre, *dit-elle*, dans les vûes de cet *Auteur*, & des anciens qui ont écrit sur cette matiere. Elle conseille

---

(*a*) La *Société*, dans ses observations, fait paroître que ce N*égociant Ecossois*, n'avoit pas en effet proposé cette pratique, comme une découverte qu'il avoit faite ; que c'étoit l'usage pratiqué en *Angleterre*, & que cet *Auteur* desiroit qu'on la suivit en *France* où elle n'est pas cependant universellement inconnue. La *Société* s'en est apperçue comme nous. Elle cite qu'elle est recommandée dans le *Théâtre d'Agriculture d'Olivier de Serres*, *dédié à Henry IV.* On peut la trouver encore dans un nombre infini d'ouvrages d'*Auteurs* anciens : d'où la *Société* soupçonne avec fondement, que ce dernier l'a puisée.

cette forte d'amélioration, en conféquence, aux Cultivateurs.

Ces améliorations propofées pour l'*argille* & le *fable* ne font pas plus certaines,
que la détermination des *terres primitives.*

Beaucoup d'Agriculteurs fe rangent
du fentiment *de Pline* (*a*), quoique ce
dernier fe contredife ailleurs ; d'autres
Auteurs modernes (*b*) admettent la *marne*, la *chaux*, comme plus efficace que
le *fable* (*c*). Ils éloignent de même, les
améliorations avec les *fables*, la *chaux*,
propofées pour l'*argille.* Ces opinions différentes ne peuvent que nous embarraffer, pour déterminer la nature de terres
propres à l'amélioration du fable, &
celle convenable à l'*argille.* Suivant les
principes Chimiques & Phyfiques, les
améliorations des *marnes* font plus efficaces à l'*argille* que le *fable*, & *vice verfâ,*

____

(*a*) *Voyez le liv.* 17, *chap.* 5.
(*b*) *Voyez le Gentilhomme Cultivateur*, t. 2. *in*-12. &c.
(*c*) *Agricola de naturâ foffilium*, lib. 2. chap. 10.

l'*argille* à la *marne*. Il eſt donc queſtion de confirmer ces principes par l'expérience. On ne ſçauroit trop engager les Citoyens Agriculteurs de vouloir bien donner des lumieres ſur ces *améliorations.*

I V.

Sur l'idée que pluſieurs Agriculteurs Anglois ont conçûe, que la pouſſe ou la chûte des feuilles de certains végétaux, ainſi que le paſſage de certains animaux volatils, &c. peuvent indiquer certainement, les époques convenables pour la ſemaille des plantes.

Il eſt d'uſage reconnu en *Angleterre* que lorſque les grains d'*avoine* tombent des *bales* de leurs épis, on ſeme la graine de l'*orge ;* que lorſque les feuilles des *muriers* ſont parvenues à une certaine grandeur, on retire des *ſerres*, les plantes qu'on y avoit miſes à l'abri des rigueurs de l'hyver. Tout le monde ſçait auſſi que, lorſque les feuilles de certains arbres paroiffent, & que leurs bourgeons veulent fe déployer, le printems approche.

S'il en eft ainfi des obfervations qu'on peut faire fur les *végétaux*, il en eft de même des paffages des *oifeaux* étrangers. Dans bien des pays ces paffages annoncent, non-feulement les changements des *faifons*; mais encore leur intempérie. Il eft peut-être bien d'autres objets naturels, qui peuvent donner des notions pour le même but.

Quelques *Cultivateurs* Anglois réfléchiffant fur ces obfervations, prétendent que la nature doit avoir donné dans la naiffance ou la chûte de feuilles de certains végétaux, ou dans la production de quelqu'une de leurs différentes parties, telles que *bourgeons*, *grains*, &c. des regles fûres pour déterminer les époques convenables aux accroiffements, & par conféquent aux femailles ou plantations; que cette même nature a auffi donné les moyens de connoître certainement, non-feulement à ces apparitions de productions ou à leur chûte, mais encore au paſſage de certains animaux, les tems propres aux travaux de la terre, & aux autres opérations relatifs à la culture des végétaux.

D'après ces réflexions, ces perſonnes concluent qu'on peut parvenir à déterminer le tems de labourer à propos la terre, & de répandre ſur elle convenablement, étant bien préparée, les graines ou les ſemences des plantes, telles que de *froment*, de *ſeigle*, d'*avoine*, &c. celles des légumes rurales, telles que *pois*, *veſces*, *féves*, &c. & celles des plantes filamenteuſes, telles que *lins*, *chanvres*, &c.

On propoſe aux Amateurs de découvertes auſſi précieuſes, d'obſerver pluſieurs années de ſuite, le tems où certaines plantes donnent les premiéres marques de végétation, celui de la chûte de quelques-unes de leurs parties, ou le paſſage de certains animaux, &c. On peut remarquer, par exemple, le tems précis où les feuilles de certains arbres

commencent à paroître, & femer immédiatement à ces époques *telle* ou *telle*
graine de printems, dans des natures de
terres qui leur font propres ; alors il fera
aifé de déterminer par leur réuffite, à
quelle époque du printems on peut les
répandre fur la terre. On peut de même
éxaminer les chûtes des feuilles, les ma-
turités de certains fruits, &c. pour déterminer l'époque favorable à la femaille
d'automne. (On fçait que l'ufage a établi
de femer certaines graines ou plantes en
cette faifon), & enfin éxécuter certaines
opérations aux paffages des différents
animaux-volatils, &c.

On retirera affurément de ces obfervations de grandes lumiéres. Si on y
réuffit, ces époques qui varieront naturellement fuivant l'intempérie des éléments, la nature, les qualités & propriétés
des climats, des expofitions & fituations
des natures des terres, feront bien plus
certaines & bien plus affurées , que *telle*
ou *telle étoile* qui étoit regardée par les

Anciens, comme des guides certains pour commencer certaines opérations de culture (a), & que *tel* ou *tel* décours de la *lune*, que les *Cultivateurs* actuels regardent comme des *symboles de Foi* pour certaines femailles, &c (b). Ces prétendues influences des aftres ne tendent cependant qu'à donner lieu fouvent à la *fuperftition*, &c. (c).

(a) *Voyez Pline dans fon Hiftoire Naturelle, & fes Contemporains.*

(b) On peut voir un de ces faits. Nous le rapportons page 292 de notre premier Volume du Corps d'Obfervations.

(c) Nous avons démontré page 175 & 176 de notre Partie d'Agriculture, premier Vol. que les cours & décours de la *lune* & des *étoiles*, n'influoient en rien fur l'accroiffement des végétaux.

SOCIÉTÉ DE RENNES,

COMMERCE,

Commerce de Toiles en général.

LA *Société de Rennes* en 1759 & 1760 n'a pas perdu de vûe le *commerce de toiles*. Elle continue (*a*) de fentir tout l'avantage qui réfulteroit pour la Province de Bretagne, en coopérant à fon progrès.

Le commerce de toiles de la Bretagne qui eft un des plus confidérables de ceux de cette Province, eft toujours regardé comme un commerce des plus précieux. Les bénéfices qu'il procure en font répartis à différents Citoyens. Le

France, Bretagne.

______

(*a*) Les obfervations de cette Société que nous rappottons ici, font des fuites à celles dont nous avons rendu compte dans notre premier Volume du Corps général d'Obfervations, page 112, jufqu'à celle 119.

laboureur, le *fabriquant*, le *vendeur*, le *pilote* qui exporte à l'étranger, tout y gagne; mais cette Société s'allarme en apperçevant la chûte de ce commerce propre à la Bretagne, par l'événement des circonstances des tems, &c.

Les toiles étrangeres, entr'autres, celles de Siléfie, (*les platilles*) ont un très-grand débouché à *Cadix* & dans les *Indes Espagnoles*. Cependant les Négociants de ces ports; préféroient autrefois les toiles faites en Bretagne. Il s'en faisoit un débit confidérable. Cet avantage leur étoit procuré, non-feulement par la bonne fabrication ; mais encore par la bonne qualité. La Société a tout lieu de craindre que ce commerce ne foit entiérement perdu pour la Bretagne.

Cependant malgré la fecouffe que cette branche de commerce a éprouvée même avant la guerre, la *Société* penfe qu'il fera poffible de remédier à fes fuites funeftes. Elle croit que pour y parvenir, il faudroit étudier fcrupuleufement toutes les parties de ce genre d'industrie.

On obſerve enſuite que les concurrents peuvent l'emporter ſur les *Bretons*, par leur culture, leurs préparations, le bas prix de leur main-d'œuvre, & même par toutes ces voyes réunies ; delà on conclud qu'il n'eſt rien de plus important que de s'en aſſurer, & de bien meſurer la portée de ce commerce. Cette connoiſſance démontrant à découvert le mal, il ſeroit poſſible d'y remédier dans la partie où il conſiſte.

La *Société* rapporte à ce ſujet que M. l'*Abbé des Fontaines* (a) a raſſemblé déja ſur cet objet important, des obſervations qu'elle publie.

Cet Aſſocié a éxaminé la Manufacture de toiles juſqu'aux plus petits détails. Il commence par l'achat de la graine de *lin*, & finit par la vente de la *toile*, lors de ſon exportation de la Province.

(a) C'eſt un Aſſocié du Bureau de *Tréguier.*

L'examen qu'il a fait, montre qu'il a cherché à diminuer le prix de la main-d'œuvre dans toutes les opérations de la fabrication, & en même-tems à multiplier la marchandife.

On fe difpofe enfuite à donner la defcription des faits contenus dans le Mémoire de cet Affocié ; mais nous ne les rapporterons qu'après avoir inferé certains faits qui concernent le *commerce de la graine de lin*, & dont nous avions fufpendu de parler.

Ces faits qui ne font pas rapportés dans le Mémoire de M. *des Fontaines*, n'ont pas moins contribué fans doute à l'engager à faire ces recherches dont nous parlerons, fur ce *commerce de graine de lin*, & nous n'avons pas cru devoir les obmettre comme y ayant rapport.

Commerce de Graine de Lin.

Il avoit déja été queftion (*a*) de remédier aux abus pratiqués dans le com-

____

(*a*) En 1757 & 1758.

merce

merce des graines de lin. On croyoit
affez généralement qu'en Bretagne , le
commerce de cette graine n'étoit qu'un
monopole. Les gains exceffifs des Commerçants qui s'étoient emparés de cette
précieufe branche de commerce , le
faifoit foupçonner. Plufieurs Affociés
avoient cherché déja, ma's en vain, à
développer tout le myftere , & les
moyens qu'on auroit pû employer pour
y remédier.

Ces foupçons, loin de diminuer, n'a-
voient fait au contraire, qu'augmenter,
& la Société ne s'empreffât alors , que
d'engager à faire de nouvelles recherches fur ce fujet.

On prétendoit que les Marchands de
graines de lin du Nord, faifoient acheter
fecretement, & par différents Commif-
fionnaires en Bretagne, toute la graine
du pays. Le prétexte de ces achats étoit
de vendre ces denrées aux Hollandois
pour en faire tirer de l'*huile*. Ce manege
fit foupçonner pour lors que tout l'art

de ces marchands, ne se dirigeoit qu'à bien imiter les *barils* de graines étrangères, en revendant aux Hollandois des graines de Bretagne pour des graines du Nord. En même-tems on soupçonna encore, que ces mêmes marchands étoient très-capables de revendre dans l'Evêché de *Leon*, la graine qu'ils avoient acheté dans celui de *Tréguier*, & que dans celui de *Tréguier* ils pouvoient porter les graines de celui de *Leon*.

La *Société* expose en 1760 tout ce qu'elle avoit apris sur le commerce de lin, par les mémoires que le Ministre (M. LE DUC DE CHOISEUIL) lui a bien voulu procurer du Nord. Elle croit que les détails où l'on entre, pourront engager les Négociants à faire des tentatives utiles, soit pour rendre les graines étrangères en Bretagne à bas prix, soit pour les tirer directement de la premiere main. Détail de connoissances que les Commissionnaires Bretons pourroient procurer, s'ils le jugeoient à propos;

mais qu'ils ont peut-être intérêt, fur ce que nous avons déja rapporté, de tenir caché.

Conygs-berg (a), *Libau* (b), *Riga* (c), font les villes où fe fait le commerce de graines de lin. Comme il y a quelques différences entre les ufages & les coutumes de ces places, on parle des ufages fuivis dans chacune d'elles en particulier.

(a) La *Société* devroit indiquer de quelle ville du Nord elle entend parler ici, eft ce de la ville de *Konigsberg* ou *Mont-Royal*, fitué fur le Prejel & Capitale de la Pruffe Ducale ou Brande-Bourgeoife, ou eft-ce des villes qui ont le même nom, dont la premiere fe trouve dans le Cercle d'Autriche ou de Hongrie, & la feconde dans la haute Luface ? Nous comptons cependant, que c'eft de la premiere, dont la Société a entendu parler. Ce défaut d'indication, ne peut fouvent qu'embarraffer un Commerçant qui aura des vûes.

(b) Cette ville qui porte auffi le nom de *Liba*, eft un Port fur la Mer Baltique.

(c) Nons avons indiqué la fituation de cette Ville, voyez page 13 de notre premier Vol. du Corps d'Obfervations.

On auroit pû aiouter auffi, qu'il fe fait encore un commerce de cette graine, à *Mofcou*, capitale d'un pays de ce nom en *Ruffie*, à *Tilfe* ou *Tilfet* près de la riviere de *Memel* en *Efclavonie*, & à *Memmel* ou *Memel*, ville fituée auffi en *Efclavonie*, du côté du Lac de *Courlande*.

**Com-
mercede
graine
de lin à
Conygs-
berg.**

Les *Polonois* font dans la coutume
d'apporter à *Conygs-berg*, la graine de lin
dans des *tonnes* ou *barils* (*a*). Il leur eſt
défendu de les vendre à d'autres perſonnes qu'aux Bourgeoi s ou Négociants qui
ont ce droit. Ces derniers la revendent
aux Commiſſionnaires étrangers, ou bien
ils les expédient eux-mêmes, à ceux qui
leur en font directement des demandes.

Il n'eſt pas poſſible d'embarquer de graines propres à ſervir de ſemence, appel-
lées *lins à ſemer*, qu'elles ne ſoient véri-
fiées d'une bonne qualité par un *Braqueur*,
ou un *Inſpecteur*. Ce dernier appoſe ſur
les vaſes qui la contiennent, une marque, une empreinte de ſa bonne qualité,
& rejette l'autre qui eſt défectueuſe (*b*).

(*a*) La *tonne* ou *baril* contient deux boiſſeaux & demi
de *Pruſſe* : 60 boiſſeaux de ce pays font environ dix-neuf
ſetiers de *Paris*. Nous avons expliqué la contenance de
cette derniere meſure. *Voyez le premier Vol. de notre Corps
général d'Obſervations*, page 116.

(*b*) Il ſe pratique dans ce pays comme par-tout ailleurs, pour les autres denrées, bien des abus dans ces
ſortes de vérifications. La liberté rendue à ce commerce
comme aux autres, en mettroit ſans doute à l'abri.

On commence chaque année ces ventes, vers le mois de Novembre. On les continue jufqu'en *Mars*. Souvent le prix varie ; mais communément cependant, ce prix n'eft pas plus bas, ni au-deffus de huit & feize florins (a). L'abondance ou la difette de cette graine, & les demandes plus ou moins confidérables qui peuvent en être faites, le déterminent.

On eftime que l'exportation de cette graine peut monter *bon an mal an*, à 12 ou 18 milles *tonnes*.

Quelquefois la graine de lin ne peut être chargée auffi-tôt que l'achat en eft fait, alors il eft d'ufage de payer aux vendeurs, la plus grande partie du prix de leurs ventes, en arrêtant le marché. Le refte fe paye lors de la livraifon.

On fait ordinairement repaffer ces graines par un *crible*, malgré qu'elles l'ayent déja été précédemment. Par cette

---

(a) Un florin de *Conygs-berg*, qui eft un florin *Pruffien*, eft de 30 gros. Les 390 gros valent une *livre de gros* ou 2.0 deniers de gros d'Hollande, & 55 de ces deniers de gros d'Hollande font 3 *l.v. de France*.

nouvelle opération, on parvient facilement à enlever entiérement la *pouſſiere* qui peut encore s'y trouver. Cette opération s'exécute avant le meſurage pour la livraiſon, & le vendeur en ſupporte le déchet.

Comme il ſe trouve une multitude conſidérable de vendeurs, par conſéquent la concurrence met un frein au *monopole.*

Il paroît aſſez impoſſible, qu'il puiſſe s'en pratiquer entr'eux ; cependant cet abus a quelquefois lieu, ſur-tout dans les mois de *Février* & de *Mars.* La raiſon en eſt que la graine eſt aſſez rare alors, & qu'il ſe trouve beaucoup moins de vendeurs qu'aux autres époques déja indiquées. Si cet abus arrive, il ne réuſſit pas toujours.

Pendant la durée des ventes, ce grain a un prix réglé. Il faut donc ne pas donner d'ordre limité ſur le prix. On doit s'en rapporter entiérement à l'intelligence & à la probité du Commiſſionnaire.

Le fret ordinaire de *Conygs-berg* à *Amſterdam*, eſt de 20 à 30 *ſtuyvers* (*a*) ou *ſols courants* d'*Hollande* pour chaque *tonne.*

Quant à celui pour les différents ports de *France*, il varie ſuivant l'étendue du chemin que les vaiſſeaux ont à faire pour y arrriver, nous ne pouvons donc ici le fixer.

La *Société* rapporte enſuite le détail de ce que peuvent couter cent *laſts* (*b*) de graines de lin. Elle démontre par-là qu'une *tonne* de cette graine rendue en Bretagne, reviendroit à 17 liv. 15 ſols 5 den. ou environ.

Cette démonſtration n'eſt établie que ſur une faĉure ſimulée. Nous prévoyons même qu'on pourroit éviter le payement des droits de *ſound* & autres frais bien inutiles qu'on fait en *Hollande*. On pour-

---

(*a*) Vingt *ſtuyvers* valent un *florin*, le *florin* vaut deux livres trois ſols de *France*.

(*b*) Le *Laſt* ſe nomme en *France* (*leth*). Comme cette meſure varie ſuivant les lieux, les ſix *laſts* de *Conys-berg* font 133 ſetiers de *Paris*.

G iv

roit y parvenir en tirant directement, &
ſur ſes propres vaiſſeaux, les graines en
queſtion (*a*).

Nous donnerions volontiers le tableau
de cette facture; mais comme elle ne
peut intéreſſer que la Bretagne, nous
avons cru devoir l'obmettre.

Commerce de graine de lin à Riga.

C'eſt à *Riga* où les grains de la Livo‑
nie & de la Courlande ſe raſſemblent. Ils
y ſont apportés dans des *tonnes* de bois de
cheſne, & fort rarement dans des *tonnes*
de *ſapin*. De même qu'à *Conygs‑berg*, les
bourgeois de cette ville, ſont les ſeuls
qui puiſſent faire les achats de la *linette*.
Les Négociants étrangers doivent né‑
ceſſairement les acheter de ces Bour‑
geois.

On ne trouve de nouvelles graines à
Riga que vers le mois de *Septembre*, &
jamais plus tard que le mois d'*Octobre*.

______

(*a*) En effet, comme l'obſerve plus loin la *Société*,
nous ne voyons pas pour quelle utilité, on veut ſe ſer‑
vir de la voye de la *Hollande* pour tirer les graines de
lin de *Conygs‑berg*.

La vente s'en fait depuis *Septembre* jusqu'à peu près la fin de *Décembre*.

Les glaces qui surviennent à cette époque, suspendent la navigation. Elles interrompent en même-tems ce commerce.

On passe aussi à *Riga* les graines de lin par un crible, quoiqu'elles l'aient été précédemment. On suit en cela l'usage de *Conygs-berg*. Cette opération s'exécute attentivement.

Communément on y vend la *tonne* (a) de graine de lin, 8 à 10 *Frenz-albert* (b).

Le *last* de Riga contient 12 tonnes.

____

(a) Une *tonne de Riga* a environ un pied cinq pouces de diamètre aux fonds, & deux pieds six pouces de profondeur à l'endroit du ventre. Sa circonférence est de cinq pieds six pouces, le tout mesure d'*Hollande :* la *Société* n'a pû distinguer ici qu'elle étoit la contenance de ce *pied Hollandois*, & elle croit que sur *le pied de Roi* que nous connoissons en *France*, le pied d'*Amsterdam* qu'il semble qu'on a voulu désigner pour cette mesure, a dix pouces cinq lignes : quoiqu'il en soit, on auroit été plus intelligible en désignant le poid commun du *lin*, que pourroit contenir cette mesure appellée *tonne*.

(b) Trois *Frenz-alberts* valent une *Rixdale-albert*, ces monnoyes ont différente valeur, selon le cours du *Change*. La *Rixdale* de *Hollande*, monnoye à laquelle on la rapporte ordinairement, vaut deux *florins* & demi, ou cent *deniers de gros*. On sçait que cent *deniers de gros* valent environ 5 liv. 8 sols de la monnoye de *France*.

Il équivaut à 2 tonnes *de mer* de *Bretagne*, & les 2 tonnes de Bretagne pefent 4000 *livres.*

Le fret pour les côtes de l'*Océan*, peut couter 20 à 25 *florins courants* d'*Hollande.*

On donne enfuite une facture également fimulée de 100 *lafts* de graines de *Riga.* Le prix de la *tonne* rendue en Bretagne, y revient à 26 liv. 9 fols. On rapporte en même-tems, le prix de *Novembre* 1760, de cette graine. Il eft inutile de le rapporter ici, auffi-bien que le détail de cette facture (*a*).

La *Société* paffe au détail du commerce de la graine de lin à *Libau.* Elle dit que la meilleure eft celle qui s'y expédie dans des *tonnes* marquées à la *Couronne brûlée* (*b*).

Ce commerce fe fait prefqu'entiérement par les Négociants de *Lubeck* : ces Commerçants en font des envoys con-

Commerce de graine de lin à Libau.

____

(*a*) Voyez ce que nous avons dit précédemment page 103.

(*b*) En quelqu'endroit de Bretagne, on lui donne par rapport à ce, le nom de *Liban couronné à feu.*

fidérables en *France* ; la *Société* cite un Port de Bretagne (*Roſcof*) où il en peut paſſer *bon an mal an*, 8 à 10 mille *tonnes*, & elle eſtime que l'on peut en trouver annuellement à *Libau* 20 à 25 mille : d'où il réſulte que le ⅓, & ſouvent la ½ des graines de *Libau*, eſt verſé dans la *Bretagne*.

Le prix commun de la *tonne* à *Libau* eſt de 11 à 13 *florins Polonois* (*a*). Cette graine s'y achete au plus bas prix, ſix florins & demi. La Société ne donne pas de factures ſimulées des détails des frais à faire, pour faire parvenir cette graine juſqu'en Bretagne. Elle en attribue la cauſe à l'intérêt perſonnel des Négociants de *Libau*, qu'on a conſulté : d'un autre côté elle croit qu'il n'y a pas plus de frais à faire pour tirer cette graine, que pour celle qu'on tire de *Riga*. Elle penſe même qu'ils ſont moindres.

La *Société*, après ce détail, paſſe à

(*a*) Le *florin* Polonois eſt de trente *gros*.

celui de la maniere dont la *France* fait le commerce de graines de lin dans le *Nord.*

›› Il ne ſe trouve, ›› *dit-elle*, ›› aucune ›› maiſon Françoiſe de commerce à *Riga*; ›› après tout ce qu'on vient de lire, ›› il eſt cependant aiſé de ſentir, ›› toute la néceſſité qu'il y en ait quel- ›› ques-unes «. Ces maiſons y rempli- roient les commiſſions de la Nation fran- çoiſe. L'intérêt de cette nation, comme nous l'avons dit plus haut, eſt de faire ſon commerce directement & ſans l'en- tremiſe des Etrangers (*a*).

La *Société* reconnoît maintenant que les abus qui ſe gliſſent en France dans le commerce des lins, ne proviennent pas originairement des lieux où on les ex- porte, mais bien au contraire, de la maniere dont les Etrangers & les Négo-

---

(*a*) Il a paru il y a quelque-tems une brochure ſur le Commerce du *Nord*, dont M. *Despré-Mesnil* eſt l'*Au- teur*. Il y démontre toute l'utilité que retirent les *Hol- landois* d'avoir des Etabliſſements au *Nord*, & en même- tems il fait appercevoir comme la *Société de Bretagne*, tout l'avantage qu'il y auroit, que des *François* s'y éta- bliſſent. *Voyez page* 38 *& ſuivantes de ce Livre.*

ciants François exploitent ce commerce.

On rapporte que ce commerce se fait en Bretagne par les Marchands forains, & principalement par les *Lubeckois*. Ces Commerçans envoyent directement ces graines en *barrils* à *Roscof*, delà elles sont distribuées dans les différents Ports de la Province, en proportion de ce qui leur en arrive.

Dans ces Ports il se trouve des *détailleurs* qui en reçoivent & distribuent certaine quantité, & à diverses reprises. Ces distributeurs payent communément aux *Lubeckois* 33 livres pour chaque *baril* distribué; mais le baril marqué d'une *couronne*, & nommé *baril à la Couronne brûlée*, se paye au contraire 36 livres. Ces derniers ont un an de crédit pour payer ces sommes aux *Lubeckois*. A cette expiration, il faut effectuer nécessairement le payement, ou il faut renvoyer les graines qui n'ont point été vendues.

Voici où il se glisse des abus. Ce distributeur qui doit payer 30 livres ou 36 livres la *tonne* de graine de lin fuivant fa qualité, la vend fouvent 75 livres : tout dépend des circonftances. En effet, s'il arrive quelqu'événement qui occafionne des retards dans l'arrivée des Vaiffeaux, qui apportent ces graines, ou que ces Vaiffeaux ne fe fuccédent qu'après de certains tems, chaque diftributeur pour-lors, augmente le prix à proportion du manque de graines, pour fervir fes diftributions. Quelquefois, la *tonne* fe vend un prix exhorbitant. Perfonne ne le peut empêcher. Le *Payfan* arrive dans ces lieux de diftribution (*1*) d'un canton éloigné de la Province. Il a be-foin de graine, il préfere en prendre à tel prix, plutôt que de féjourner pour obtenir des diminutions.

D'où il réfulte, fuivant la *Société*, que les abus qui rendent le commerce des graines de lin, fi défavantageux aux Cultivateurs & aux Fabriques de toiles

---

(*a*) Les Villes de *Morlaix*, de *Tréguier*, de *Pont-rieux*, & de *Saint-Brieuc*.

de la Bretagne, ne font que les fuites néceffaires d'une exploitation vicieufe. Elle affure d un côté des profits exhorbitants aux Etrangers, & de l'autre elle livre les Cultivateurs aux vendeurs, qui font toujours furs de leurs bénéfices.

On infere encore que l'intérêt du crédit d'un an, donné par les *Lubekois*-vendeurs aux diftributeurs-*Bretons*, que la reprife des graines qui n'ont point été vendues, que les *frets* & autres débourfés, tant des envois des graines que du tetour, doivent néceffairement être balancés avec les gros bénéfices qui en réfultent fur les parties vendues. » Ces chofes font inu- » tiles à la *France, dit cette Société*, on » les paye trop cherement.

Il paroît donc convenable d'empêcher que les objets préjudiciables ne continuent. On y peut parvenir en faififfant une route contraire. Tirer directement ces graines, les dégager de main-tierce ; voilà la voie que la *Société* enfeigne.

Après ce récit, la *Société* qui croit

n'avoir donné encore qu'une idée très-imparfaite de ce qu'il en coûte chaque année à la Bretagne pour se procurer des graines de lin du *Nord*, cite les Evêchés de *Saint-Malo*, & une partie de celui de *Rennes* qui tirent des graines de la *Zélande* : d'où elle veut qu'on conclue, que la Province en général, tire annuellement de l'Etranger, des graines de lin pour des sommes excessives.

M. l'Abbé *des Fontaines* (a) a entré dans le détail de ce qu'il se cultive de lin annuellement en Bretagne. Ses calculs sont faits avec beaucoup d'exactitude sur ce que l'on tire de lin étranger. Ils se rapportent tous, à ce que la *Société* avance.

Cet *Associé* passe ensuite à un autre inconvénient qui nuit à la bonne fabrication des toiles en cette Province. L'opération de broyer cette plante, semble détériorer beaucoup la beauté du *fil*

______

(a) On parle maintenant du Mémoire de cet Associé.

qu'on

qu'on en tire. Il cite les maux que cette opération occafionne, ainfi que ceux qui naiffent de l'opération du *peffelage* de la filaffe qui fuccéde à la premiere ; mais comme ces objets & les autres relatifs, concernent les *arts & métiers*, nous remettons à en traiter dans la Partie qui les a pour titre (*a*).

La *Société*, enfin, qui reprend ce qu'elle avoit déja dit fur le commerce de toile en général, penfe que pour rendre toute l'activité à ce commerce, qu'il feroit important de ne pas fixerà un petit nombre de Ports, le privilége d'exporter les toiles de la Province.

Commerce de toile en général.

En premier lieu, les Ports de *Nantes*, de *S. Malo*, de *Landernau* & de *Morlaix* furent les feuls affignés. On a joint enfuite à ces Villes, celles de *Breft*, de l'*Orient*, de *Vannes* & de *Quimper*, & la *Société* croit avec fondement, que fi cette exportation étoit générale, elle ne feroit que plus fructueufe.

(*a*) Voyez ci-après où il eft parlé de ces opérations.

Cet affujettiffement en effet donne lieu à la gêne, & la gêne borne, comme on l'a déja tant de fois démontré, le travail des manufactures.

En tems de guerre peut-on fe fervir de Vaiffeaux neutres qui fe trouvent dans tous les autres Ports que ceux privilégiés ? N'eft-on pas obligé de garder fes marchandifes qui auroient un débouché ? Veut-on les tranfporter par terre dans ces Ports permis, on en augmente le prix, & on en perd par conféquent la vente favorable ?

Le choix de ces certaines Villes, il eft vrai, ne fut déterminé que relativement aux établiffements des infpections fur les toiles. Ces établiffements feroient devenus trop difpendieux & plus nuifibles qu'ils ne le font maintenant, aux progrès du commerce de ces marchandifes, fi on les eut multipliés. La *Société* penfe qu'on pourroit y parer cependant, en adoptant l'exécution du nouveau moyen qu'elle propofe.

» Ne seroit-il pas, *dit-elle*, plus avan-
» tageux à l'*Etat*, que l'*Inspecteur*, soit
» plutôt autorisé à marquer les toiles,
» lorsqu'elles sortiroient des manufactu-
» res. Le marchand profiteroit, après
» cette formalité, de tous les débou-
» chés qu'il pourroit trouver convena-
» bles. Dès que ces Employés font pour
» le bien du commerce, on doit tendre
» à ce que leurs fonctions le facilitent
» plutôt qu'ils n'y mettent des obstacles.

Les fonctions de ces Employés assi-
gnées dans certains lieux, ne font pas
les feuls empêchements aux progrès du
commerce des toiles en *Bretagne*. Le
falaire attaché aux places de ces Com-
mis n'y contribue pas moins. On a établi la perception d'un *fol* par pièce de
toile qui feroit préfentée aux différents bureaux de la Bretagne. Cette
fomme qui ne paroît que très peu confidérable, le devient cependant.

Les piéces de toiles ne contiennent
communément que 5 *aulnes* de France.

H ij

La raison en est que l'ouvrier indigent, ne peut attendre que la piéce qu'il fabrique, puisse contenir une plus grande quantité d'aulnage : delà il est évident que souvent cet artisan paye 10 à 12 sols pour un.

La *Société* donne ensuite un plan pour la suppression de la levée de ce droit, qui ne convient qu'à la Bretagne. Il s'agit que les ETATS fassent un fond pour y suppléer. Par ce moyen elle croit augmenter le bénéfice de l'artisan.

On passe ensuite aux rigueurs prononcées dans les réglements volumineux qu'on doit observer dans la fabrication des toiles. On démontre l'impossibilité qu'il y a qu'un artisan puisse les exécuter. Non-seulement les choses sont souvent étrangéres aux objets à fabriquer ; mais encore elles sont les plus contraires à la bonne fabrication. Delà la *Société* conclud que la concurrence des toiles de *Siléfie* dans les marchés Espagnols, n'a pas été aussi nuisible à ce commerce, que l'inf-

pection nationale, » ou pour mieux dire,
» *pourfuit cette Société*, fans l'infpection,
» cette concurrence n'exifteroit pas » :
en conféquence elle follicite les ETATS
de vouloir empêcher la fuite de ce mal
funefte (a). Ils fçavent combien il eft in-
téreffant pour la Bretagne que ce commerce foit délivré d'obftacles. Ils ne
s'oppofent que trop à fes progrès.

La *Société* porte fes vues encore plus
loin. Une manufacture de toiles de chanvre mérite également fon application.

On fabrique à *Antrain* & à *Bazouches*,
des toiles de *chanvre* connues vulgairement fous le nom de *toiles de Halle*. On
leur donne 37 pouces & demi de largeur. Elles fe confomment dans nos Colonies, où elles fervent à l'habillement
des *Négres*.

La *Société* voit la chûte entiere de
cette fabrique, par l'interruption du

<hr>

(a) Des *Citoyens* ont publié d'excellents écrits fur
ces matiéres, & il y a tout lieu de croire que le Gouvernement éclairé, va y remédier.

H iij

commerce avec cette partie du monde ; (*l'Amérique*). Le canton se ressent donc infiniment de cette perte qui se répand , & sur le Cultivateur , & sur le Fabriquant. Les uns n'ont plus besoin de cultiver le *chanvre* , & les autres n'ont plus d'occupations. On donne l'évaluation des quantités de piéces de toile que cette manufacture fournissoit encore en 1750 , & on trouve que les terres de ce canton ne sont pas propres à produire d'autres récoltes. Il semble donc à cette *Société* qu'il y a une nécessité indispensable de ranimer cette branche de culture, de fabrication & de commerce.

On prévoit ensuite que l'exportation de ces toiles se feroit avantageusement par eau. On projette que les Etats rendent une certaine riviére navigable, pour en procurer le moyen. Cet objet regardant les *arts* & *métiers* , nous y renvoyons,

Commerce des Grains.

Est-il commerce plus susceptible de révolutions, & qui en ait le plus essuyé que celui des grains. Ces révolutions n'ont pas seulement rejailli sur le Commerçant ; mais encore sur le Cultivateur qui en est le premier marchand. Ainsi notre dessein est de faire part des lumiéres répandues par différentes Sociétés sur ce commerce, en ce qui concerne les deux professions, celle de Cultivateur & celle de Marchand.

C'est avec raison que l'on cherche à rendre à ce commerce la liberté qu'il exige, & qu'on y porte ses attentions par préférence. Voici ce que la *Société de Rennes* a publié à cette occasion. Nous finirons par ce qu'en ont dit les autres.

SOCIÉTÉ DE RENNES.

La *Société de Rennes*, par l'examen des

H iv

France, Bretagne.

caufes du dépériſſement de l'Agriculture dans la *Bretagne*, a reconnu que dans leur nombre il ne s'en trouvoit pas de plus funeſtes que les entraves apportées au *commerce des grains*. Elle les regarde avec juſtice, comme caufes premieres de la deſtruction (*a*) de l'Agriculture. Elle prend en même-tems toutes les voies convenables pour pouvoir les faire ceſſer.

On s'attache premiérement aux effets funeſtes qui ont réfultés des défenfes d'exporter les bleds, & des priviléges particuliers qui ont permis cette exportation, lorfque la prohibition de fortie étoit générale. On les regarde comme des objets qui ont été capables de décourager le Laboureur dans la culture des grains, & par conféquent dans le premier commerce. Il n'a plus cultivé que pour payer fes redevances & pour

____

(*a*) Ce que la Société de Bretagne a obfervé fur ce Commerce dans fa Province, peut également s'appli-quer à celui des autres Provinces du Royaume.

ſes beſoins. Une abondance de récoltes lui eut été à charge.

La *Société* ne s'attache pas à démontrer les avantages que retireroit l'Etat de la liberté entiere d'exporter les grains. Tout le monde eſt convaincu aujourd'hui que cette liberté peut raſſurer contre les années de diſette, & que le vrai moyen de manquer de bled dans un Royaume, c'eſt d'en interdire la ſortie. Elle ſe borne à dire que cette maxime a été déja ſuffiſamment démontrée. Elle cite pluſieurs excellents ouvrages qui ont paru à ce ſujet (a). Ils ont répandu ſur cet article important, la plus vive lumiére.

En revenant à ce qui a cauſé le retard des progrès de l'Agriculture, la *Société* dit qu'il eſt conſtant que la Fran-

______

(a) *L'Eſſai ſur la police générale des Grains,* par M. *Herbert* & *ſon Supplément. Réflexion ſur cet Ouvrage. L'ami des Hommes,* par M. *de Mirabeau. Les Obſervations ſur la liberté du Commerce des Grains,* par M. *Chamouſſet, & le Mémoire ſur les Bleds, avec un Projet d'Edit pour maintenir en tout tems, la valeur des Grains, à un prix convenable à l'acheteur & au vendeur,* &c.

ce a nourri l'Angleterre, tandis qu'on a fait librement un commerce que ce dernier Royaume s'étoit interdit. Aujourd'hui depuis que cette nation a attaché une gratification à l'exportation (*a*), & que la France, au contraire, l'a défendue fous des peines, l'Angleterre nous a fourni des grains pour des fommes confidérables (*b*).

La *Société* n'a pas befoin de rien ajouter au foutien de ces faits. Elle s'attache feulement à juftifier, par les moyens les plus directs, le defir qu'elle a de voir le commerce des grains entiérement délivré des gênes auxquelles on l'a affujetti. En conféquence elle penfe que c'est par la valeur du bled, que l'in-

____

(*a*) L'Angleterre donne cinq fchelins par chaque *quarte* de bled, qui font 5 liv. 12 fols 6 den. argent de *France* à ceux qui exportent.

(*b*) On rapporte à ce fujet ce que M. *Herbert* a dit, que depuis 1746 jufqu'à la fin de 1750, l'Angleterre a vendu entr'autres à la France, pour dix millions 465 mille livres de fes Bleds : d'où il réfulte qu'on a payé aux Anglois chaque année un million 488 mille 333 liv. 6 fols 4 den. *Voyez l'Effai fur la Police des grains*, page 144.

convénient des prohibitions, & l'avantage de la liberté doivent être prouvés.

On ne s'eſt pas borné ſeulement à
examiner les appréciations des différentes ſortes de grains qui ſe recueillent
dans la Province ; mais on a pris encore
connoiſſance de ce que coute le total
des opérations de la culture, & à quoi
peuvent monter les différents *impôts*,
dixmes, &c. Par une récapitulation du
produit de la vente des récoltes en *froment*, *orge*, *avoine*, &c, on a vû avec
étonnement, qu'il ne ſçauroit ſuffire aux
dépenſes de culture, &c. aux beſoins du
Cultivateur, & conſéquemment répondre au prix de la ferme annuelle du
fond.

On ajoute à cette obſervation qui
n'eſt malheureuſement que trop fidéle,
qu'on trouvera toujours beaucoup de
terres labourables dans la Province, qui
ſont ſuſceptibles de quelques années de
repos, & que cependant les Fermiers
payent la même redevance & les mêmes

impoſitions pour la jouiſſance de ces terres en *jacheres*, comme pour celles ſur leſquelles on récolte tous les ans.

On attribue la reſſource des Laboureurs aux produits des *lins*, des *chanvres*, &c. & à quelque peu d'induſtrie telle que le commerce de *laitage*, de *beurre*, & aux *charrois*, &c; » mais plus » le Laboureur eſt pauvre « *pourſuit ſagement la Société*, » plus ſes reſſources » ſont foibles & languiſſantes. «. Elles ſont même inſuffiſantes pour une famille un peu nombreuſe, & le défaut d'aiſance met le Laboureur dans le cas de travailler imparfaitement ſes terres, & de les priver de fumiers & d'engrais dont elles ont beſoin pour être fertiliſées. D'ailleurs cette induſtrie n'eſt propre qu'aux habitants des Paroiſſes qui avoiſinent les villes.

Il eſt donc apparent que la ſuppreſſion du Commerce des grains, fait tort à l'agriculture, & qu'elle eſt la cauſe immédiate de tous les maux qui en réſultent.

Une denrée peu recherchée par le défaut de débouché ou de confommation,
demeure toujours à très-bas prix.

La *Société* ne s'en tient pas-là, elle
paffe à démontrer plus clairement l'effet
de la défenfe de l'exportation des grains
du Royaume. Elle confidere la condition du Laboureur comme la plus mal-
heureufe de toutes, & elle expofe les raifons qui l'engagent à gémir fur fon fort.

On rapporte à ce fujet que M. de
SULLY regardoit la libre exportation des
grains comme le moyen le plus efficace,
de procurer aux Cultivateurs, la facilité
de payer leurs fubfides (a).

Thomas Culpeper, Auteur Anglois,
difoit à ce fujet qu'il étoit étonné que
les François puffent apporter des bleds
en Angleterre, & les y vendre à plus bas
prix que celui de la récolte nationale.

M. COLBERT, fous lequel on affermit

____

(a) Ce fait a même engagé à nous étendre fur cette
matiére. Voyez la Préface de la Partie d'Agriculture,
page xj premier Vol.

le fyftême de la prohibition, ne pouvant fur le champ ranimer l'Agriculture par la difette des Cultivateurs, mit fes foins à faire fleurir l'induftrie. Il croyoit, fans doute, comme le dit un *Auteur* (a), que l'Induftrie faifant des progrès, l'Agriculture s'en reffentiroit un jour.

Occupé de ce projet bon en lui-même, il fentit que le bas prix de la main-d'œuvre étoit le moyen le plus fûr de procurer des débouchés aux marchandifes qu'on pourroit fabriquer par préférence à celles de l'Etranger. Il donnoit par-là même, un appas pour encourager l'artifan, par le bon marché des denrées propres à fa fubfiftance. Ce fut donc à cette occafion qu'on défendit la fortie des grains du Royaume ; mais c'étoit entreprendre de faire fructifier les branches de l'arbre, avant que de cultiver les racines. D'un côté on diminuoit de deux dégrés, le commerce du Royaume

____

(a) *L'Auteur des vues d'un Patriote, ou de la Pratique de l'Impôt,* Voyez page *9.*

dans une de ſes branches principales ,
tandis que de l'autre on ne l'augmen-
toit que d'un dégré. » Au lieu de vendre
» du bled & des beſtiaux, *dit la Société*,
» pour acheter du drap, ces meſures ten-
» doient à nous faire vendre du drap,
» tandis qu'on acheteroit du bled & des
» beſtiaux.

La continuation de cette prohibition
a dû néceſſairement mettre une diſpro-
portion infinie, entre la profeſſion du
Laboureur & celle de l'Artiſan, & à rendre néceſſairement, comme on l'a déja
dit, la condition du premier, la plus mal-
heureuſe de toutes celles de l'Etat.

Pour confirmer d'autant plus ce fait,
la *Société* croit pouvoir comparer le Laboureur avec le Marchand quelconque.

Le Fabriquant vendeur de *toiles* ou
d'autres *étoffes* propres aux habillements
du Cultivateur, a la facilité non-ſeulement de les vendre à ce dernier qui en
a beſoin ; mais encore à l'Etranger qui
en manque. S'il arrive que l'Etranger en

donne un plus haut prix que le Laboureur, il faut abfolument que le dernier,
ou s'en prive, ou en donne le prix de
l'Etranger au Marchand, pour fe les
procurer : au contraire, lorfque le Laboureur veut vendre fon bled pour avoir
de la *toile*, *&c.* il doit en recevoir auffi-
tôt le prix qu'on lui en offre dans le
pays. S'il s'y refufe, il eft bientôt privé
de fa vente. La prohibition de la fortie
le met dans cette pofition. » Après un
» pareil fait, *dit la Société*, doit-on plain-
» dre le Marchand ou le Laboureur.

S'il en eft ainfi du Cultivateur-vendeur
de bled, vis-à-vis du Manufacturier, il a
auffi le même fort vis-à-vis du Vigneron :
ce Cultivateur de grains, s'il veut du
vin, & qu'il veuille le payer avec du
bled, il faut qu'il tire ce qu'il peut de
de fa denrée, autrement il fe verroit
privé de *vin*. Les Etrangers lui enlève-
roient cette liqueur qu'il defire. Sa fortie en étant libre, il fe trouve des concurrents.

Si

Si le bled devient cher par fa rareté, le Cultivateur de cette denrée peut-il profiter de ce hauffement de prix ? Il en a trop dans un tems d'abondance, & trop peu dans un tems de difette : d'ailleurs l'Etranger même, met fouvent des bornes à la vente du fien. La grande quantité qu'il y en importe, l'occafionne. Le Royaume eft toujours ouvert, & fes Ports font prêts à le recevoir. Le bled étranger s'y vend quelquefois à perte, & celui qui a befoin de s'en défaire, fubit le même fort.

De quelque côté qu'on regarde l'état du Laboureur, on s'apperçoit donc que fa profeffion eft miférable, que la prohibition d'exporter le met dans le cas d'acheter les marchandifes qui lui font néceffaires, au plus haut prix, & enfin qu'il ne peut fe défaire de la fienne, qu à la plus baffe valeur.

Cette prohibition a été plus nuifible. On pouvoit la regarder comme telle, lorfque les François fe trouvoient étrangers, aux François mêmes ; c'eſt-à-dire, lorſque la ſortie des grains étoit défendue de Province à Province. Heureuſement ce malheur a ceſſé (a).

Toutes ces gênes découragerent le Laboureur, & au lieu de cultiver toutes ſes terres, il ne s'eſt attaché qu'à la culture de celles ſur leſquelles les dépenſes étoient les moindres. Il n'avoit beſoin, comme nous l'avons déja dit, que de cultiver pour lui ſeul, une ſurabondance de récolte, lui étoit à charge. L'état auſſi-bien que le Citoyen, ne pouvoient donc qu'y perdre.

La *Société* rappelle à cette occaſion la quantité de terres incultes, qu'on trouve aujourd'hui en Bretagne. Autrefois elles étoient cultivées. Les ſillons en paroiſſent encore.

Si les Loix défendoient l'exportation des *vins*, des *eaux-de-vie*, des *huiles*, il

____

(a) C'eſt depuis *l'Arrêt de Septembre* 1754. On préſume que l'Ouvrage qui a pour titre, *Eſſai ſur la Police des Grains*, y a donné lieu.

s'en fuivroit néceffairement que la culture diminueroit pour lors en tout genre. Il en feroit de même des défenfes de fortir les *toiles* & les autres marchandifes, dont les matiéres premiéres font du crû du Royaume. La plûpart des Manufactures deviendroient inutiles.

On dépeint enfuite l'effet avantageux de la libre fortie des grains, d'autres fois. Les inconvénients raportés n'exifloient point, & le Citoyen en étoit plus heureux.

La *Société* exhorte les habitants des différents Evêchés de la Province, à prendre la peine de dreffer des Tableaux de comparaifon des différents prix qu'ont eu les terres labourées depuis un fiécle. Elle demande que les avances & les frais qu'exige chaque culture, foient détaillés dans ces états; qu'on y marque quelle quantité de grains on feme, quelle quantité on en recueille dans un journal de terre, & qu'on joigne à ces mêmes états celui du prix commun des grains, depuis 20 ou 30 ans. La *Société* penfe que ces opérations démontreront à quel point l'Agriculture souffre du défaut d'exportation des bleds. Ces preuves & celles qu'elle a déja acquifes, concourront toutes enfemble, à faire défirer une liberté abfolue dans ce trafic. Il eft le plus important pour cette Province, & en général pour tout le Royaume.

On ne fe borne pas feulement à démontrer les événements favorables qui naîtroient de la libre fortie des grains, mais on veut encore faire connoître la néceffité de cette liberté, & on la demande entiére & abfolue.

La *Société* croit que l'on ne doit point s'arrêter aux difcours de ceux qui n'ayant pas approfondi ces matiéres, confiderent cette prohibition comme l'effet d'une faine politique. Il eft démontré au contraire,que quand même l'exportation des grains chez l'Etranger augmenteroit le prix des bleds, cette augmentation ne pourroit qu'encourager l'Agriculture.

L'Agriculture encouragée, multipliera les productions, & par conséquent apportera de la diminution au prix du grain. L'angleterre en offre la preuve convaincante. Tandis qu'elle a chargé de droits l'entrée, des bleds étrangers, (*celui de France,*) & qu'elle a encouragé les Anglois à l'exportation du leur, le prix du bled y a diminué de plus en plus (*a*).

Au reste, » la *Société* n'envisage pas » l'aisance du Laboureur du côté du bé- » néfice qu'il pourroit faire en particu- » lier, sur chaque mesure de grains qu'il » vendroit », mais elle considere le fond de cette aisance dans de petits profits multipliés, sur la vente certaine d'une denrée qu'il aura soin de se procurer plus abondamment, en améliorant ses terres par la culture.

S'il est intéressant pour l'artisan que

____

(*a*) On renvoye à *John Carry* dans son *Essai sur l'état du Commerce d'Angleterre*, tome premier, page 72, & à l'*Essai sur la Police des Grains*, page 140.

le bled ne foit pas trop cher, il lui eſt
auſſi eſſentiel, que le prix ne foit pas
tout-à-fait ſi bas. Ce dernier eſt découragé de travailler, il ramaſſe dans deux
ou trois jours de quoi payer ſa nourriture pendant toute la ſemaine. Le Laboureur ne pouvant vendre à un prix
convenable, ne peut payer ſes redevances. Il retombe dans la même indigence où la *Société* a dit que le défaut
de ſortie libre, le plongeoit : d'ailleurs le
Propriétaire s'en reſſent, & ne peut faire
travailler l'artiſan qui tombera dans l'indigence à ſon tour. C'eſt une chaîne, ſi
un anneau ſe caſſe, elle devient inutile.

D'après ce que l'on vient de dire, il
eſt aiſé de voir que le trop bas prix du
bled, rend l'artiſan fainéant, & cauſe
une diſette d'argent, ſur-tout dans le
peuple. La liberté de la ſortie de cette
denrée remédie donc à deux inconvénients, le trop haut & le trop bas prix.

» La peur de la diſette, *pourſuit la*
» *Société*, ne doit pas non plus arrêter ».

Cette difette n'arrive jamais lorfque le commerce eft entiérement libre. Si l'on objectoit même quelque chofe de plus fort que cette crainte, il n'en feroit pas moins vrai que les permiffions momen-tanées d'exporter, découragent le Cul-tivateur, & ruinent encore plus l'Agri-culture. La *Société* offre de le juftifier avec le fecours des ETATS de la Pro-vince. Elle fouhaiteroit qu'on lui pro-curât à cet effet, un relevé des regiftres des Ports & Havres, fur lefquels on porte les quantités de grains exportés d'année en année, en vertu de privilé-ges particuliers. Elle connoît le prix qu'a valu le grain en Bretagne pendant chacune de ces années. Elle s'affureroit enfuite de la valeur qu'ont eu les grains à ces époques, dans les différents Ports étrangers où ils ont paffé. Elle jugeroit par-là du bénéfice qu'ont procuré les priviléges, à ceux qui les ont obtenus. » On s'apperçevroit donc par ce moyen, » *dit-elle*, de l'avantage qu'eût retiré le

» Cultivateur de la liberté d'exporter ;
» & enfin à quel point il eut pû aug-
» menter le fond qu'il employe à la cul-
» ture.

Tout le monde ſçait l'abus qui réſulte de ces permiſſions. On exporte
au-delà de la quantité permiſe. Ce commerce ne payant aucun droit, les Com-
mis le facilitent aiſément. Ces abus em-
pêcheroient de démontrer avec toute
la préciſion qu'on le déſireroit, les bénéfices & les avantages dont on vient
de parler ; mais il ſeroit toujours facile
de prouver que la balance panche du
côté des bénéfices de l'exportation.

La *Société* offre aux Etats ſes ſoins &
ſon travail pour ſeconder ſes vues. Si cette offre eſt acceptée, elle ſe propoſe de
préſenter un Mémoire déciſif. Il diſcu-
tera l'utilité & l'inconvénient de la prohibition & des permiſſions particulieres
d'exporter les grains. Elle penſe même
que ce Mémoire ne pourra qu'étayer les
objets des repréſentations de la Province

au Ministere. Elle en a une augure favorable.

. Il est notoire que le Roi & ses Ministres désirent que les peuples soient dans l'aisance, & que l'Agriculture soit encouragée & secourue. Les défenses d'exporter n'ont que trop resserré les anciennes bornes de l'Agriculture, & on l'a déja suffisamment démontré.

Ces observations donnerent lieu aux Etats de charger leurs Députés & Procureur Général Syndic en la Cour, de solliciter avec les plus vives instances une permission générale & entiérement permanente, d'exporter les grains de la Province. En conséquence la *Société* fut chargée de leur fournir un Mémoire propre à écarter les difficultés qu'on auroit pû faire sur cette matiére.

La *Société* en 1759 & 1760 continue ses observations sur la prohibition de l'exportation des grains. Elle regarde toujours la liberté rendue à ce commerce, comme le vrai & unique moyen de le ranimer.

» Veut-on encourager un Fabriquant, » *dit-elle*, il faut lui procurer un débou- » ché affuré & facile de fes denrées. Il en eft de même du Laboureur : veut on le faire fortir de fa léthargie, il faut l'aiguillonner par des affurances certai- nes de la vente de fes récoltes. Il s'enri- chit à vendre, & il fe ruine toujours à faire des amas.

On examine enfuite l'importance qu'il y a à encourager la culture du bled plu- tôt que celle de toute autre denrée, & on regarde ce commerce, comme celui fur lequel le Gouvernement ne peut fe difpenfer d'être éclairé.

» On fçait, *dit la Société*, la grande » production en bled qu'il feroit poffible » de récolter en France, & on n'ignore » pas que cette abondance pourroit four- » nir aux befoins d'une population beau- » coup plus nombreufe. On fçait, *conti-* » *nue-t-elle encore*, que le fol du Royau-

» me produit à peine les denrées nécef-
» faires pour nourrir fes habitans ». Sans le fecours des Etrangers, fouvent la France manqueroit de ces denrées.

D'un côté mettre la France à l'abri de la difette, & en état de fe paffer des bleds de l'Etranger ; de l'autre, procurer une telle abondance, qu'elle puiffe fournir à l'exportation, comme autrefois, ce font deux objets qui méritent la plus férieufe attention.

On répéte que la France vendoit autrefois des grains à l'Angleterre, & que ce dernier Royaume lui en fournit aujourd'hui : ce qui fait connoître que les récoltes en France ont diminué, & que les caufes de cette diminution y fubfiftant toujours, on doit craindre d'y voir de plus en plus, dépérir l'Agriculture & la population.

La *Société* n'attribue point cette révolution à l'ignorance ou à la pareffe des Cultivateurs. Elle ne la regarde que comme l'effet d'un principe vicieux qu'elle fe flatte de détruire.

On cite à cette occasion les Laboureurs aisés, & l'on fait voir qu'ils ne font ni paresseux, ni ignorants, & qu'ils font au contraire très-satisfaits d'avoir une nombreuse famille. Si les Citoyens des Villes avoient le même intérêt de s'établir à la campagne, que les Cultivateurs ont de passer aux atteliers des Villes, la dépopulation ne seroit sensible que dans ces derniers lieux : quoique la nourriture, le logement, &c. y soient plus cheres qu'à la campagne, on y a mille ressources pour se les procurer. Les travaux y obtiennent des salaires bien plus considérables que ceux qu'on recevroit en cultivant la terre.

La population doit tout à l'Agriculture, & l'Agriculture n'est rien sans la population. Un Pays bien cultivé, renferme toujours un peuple nombreux ; & le Pays qui manque de culture, est celui où le nombre d'habitans est trop petit.

La Société qui sent que la dépopulation est un mal dont les progrès ont été lents & presqu'insensibles, pense que la guérison en sera difficile & lente. On doit donc y apporter remede avec toutes les précautions possibles. La Société fait voir en même-tems, l'importance de s'occuper entiérement de cet objet.

L'exportation libre des grains est ce remede, » comme il est tout éprouvé », *dit-elle*, » s'il n'est pas efficace, il arrê- » tera du moins le progrès du mal.

Il excitera l'émulation sur le commerce principal, auquel l'Agriculture doit son soutient, & l'émulation étant protegée, il y a lieu d'en espérer des succès.

La *Société* avoit déja donné au Public ses observations sur la crainte de manquerde bled. » C'est l'objet, *dit-elle*, des » personnes qui croyoient l'exportation » périlleuse «. Elle ne les perd pas de vue, & elle ajoute maintenant encore, quelques réflexions sur cet objet.

Cette crainte a pris naissance de tous les tems dans les Villes. Les habitants de ces lieux méconnoissant leurs propres avantages, s'offusquent bientôt d'une augmentation dans le prix des grains. Ils croyent tout perdre lorsque la moindre chereté arrive; & plus les villes font étendues & peuplées, & plus cette crainte augmente. L'intérêt de fournir à la consommation, forme sans cesse l'unique occupation des Villes. Il a plus d'empire sur les esprits, que le soin de porter l'activité dans les campagnes, qui fournissent à cette consommation.

On sçait, *poursuit sagement la Société*, les maux que cause la disette, & la justice qu'il y auroit à se récrier, si on y contribuoit; mais lorsqu'il est possible de démontrer l'erreur où peut plonger un tel préjugé, & qu'on peut parer à l'inconvénient de cette disette, peut-on refuser de travailler à dissiper cette crainte, & à en faire connoître les moyens?

Depuis long-tems on a écrit en faveur de la liberté du commerce des grains. Les raisons alléguées à l'appui de cette

liberté, font reftées fans répliques foli-
des. On a démontré au contraire, que
la défenfe de ce commerce occafionnoit la négligence de la culture, & le
verfement habituel des grains étrangers
en France. La défenfe de l'exportation
confidérée fous ce point de vûe, peut
donc dépeupler & ruiner l'Etat. ; » &
» cependant, *dit cette Société*, nos Ports
» font encore fermés.

La plupart des hommes regardent les
Laboureurs comme des efpéces d'*efcla-*
ves attachés à la terre, & uniquement
propres à en arracher les productions.
» Cette erreur eft le germe de prefque
» toutes les méprifes qui ont été faites,
» par rapport à la police des grains ».
N'eft-il pas plus convenable & plus conforme au bien de l'Etat, de confidérer
le Cultivateur comme un Fabriquant ?
» Il s'occupe des befoins de la multi-
» tude: Il mefure l'étendue de fa fabri-
» cation fur le nombre des confomma-
» teurs, fur la facilité & la promptitude

» de la vente, & enfin, sur les profits
» que lui promet sa marchandise.

La *Société* fait ensuite une autre comparaison » des Tisserands, *poursuit-elle*,
» à qui il ne seroit permis de travailler
» que pour les habitants de leur village,
» ne fabriqueroient pas au delà du be-
» soin d'un seul village. Si on leur ou-
» vroit un champ plus vaste, que l'ex-
» portation fut permise, & que des Né-
» gociants s'empressassent à acheter tout
» ce qu'ils pourroient fabriquer; peut-
» on douter que leur travail ne fût aug-
» menté, & que les profits de leur pro-
» fession n'engageassent beaucoup d'au-
» tres à l'embrasser? Il n'y a aucune dif-
» férence à faire par rapport aux grains.
» Le Laboureur semera plus, lorsqu'il
» sera certain d'une vente illimitée. Il
» semera moins, si on le réduit à n'être
» le pourvoyeur que d'un petit nombre
» d'habitants.

Tout le monde sçait l'effet que produit l'intérêt sur les hommes, puisque

la

la liberté dans le commerce favoriſeroit
le Laboureur : on doit donc s'attendre
qu'il redoublera de zéle pour s'en procurer
les bénéfices, par une meilleure culture.
L'eſpérance du gain adoucira ſes peines , & allégera ſon fardeau. *Le courage
a beſoin d'aiſance , & le Laboureur d'émulation.*

On cite encore pour exemple, la chûte
des Manufactures, lorſque la guerre in-
terrompt le cours des débouchés. Les
effets qui en réſultent pour le Manufacturier, ſont comparés à ceux qu'opere
la prohibition de la ſortie pour le Laboureur. Les Fabriquants ayant des quantités de marchandiſes en dépôt, craignent
de déranger leur fortune s'ils ſuivent
leurs premieres opérations : ils ont ſoin
de les diminuer. Au premier bruit de
guerre ils ſuppriment un tiers ou un
quart de leurs ouvriers, plus ou moins,
ſuivant leurs ſpéculations.

Que feroient ſur eux les exhortations
les plus vives pour les empêcher de ſe

porter à ces réformes ? on pourroit encore moins dans ces moments, les engager à multiplier leurs travaux, fur la certitude de parvenir à une plus grande perfection dans leurs fabrications : rien enfin ne pourroit les faire décider à continuer ou augmenter leur travail.

» Il en eft de même des Laboureurs, » *infére la Société.* Ces Cultivateurs reçoivent des coups femblables à ceux que » porte la guerre aux Fabriquants ». (*a*) Ils font forcés de borner leur travail. Une abondance de moiffon, bien loin de les enrichir, les ruineroit.

Si l'intérêt de l'Etat eft que les récoltes foient abondantes, celui du Laboureur, eft qu'elles foient peu confidérables. L'abondance augmente fes frais pour recueillir & conferver fes denrées, leurs qualité & quantité diminuent cha-

______

(*a*) La prohibition d'exporter faifant le même effet fur le Cultivateur que la guerre fur le Fabriquant ; dans l'un & l'autre cas, l'abondance lui eft donc à charge.

que jour : au lieu que la difette affure la vente. Le peu qu'il peut récolter, acquiert alors un prix capable de le dédommager, & de fes frais & de fes peines.

D'après la juftefle de ces raifonnemens, » fera-t-il poffible, *continue la* » *Société*, que les invitations les plus » preffantes, puiffent porter le Cultiva- » teur à redoubler de zéle & de courage » pour perfectionner fa culture » ? Que feroit-il de fes grains ? ne lui deviendroient-ils point à charge ? c'eft auffi le langage qu'ils tiennent , lorfqu'on les invite au travail.

Les *permiffions particuliéres* que le Gouvernement accorde pour exporter les grains , ne favorifent aucunement les Cultivateurs. Le fruit n'en peu rejaillir directement , & généralement jufqu'à eux. » Le peu de durée de ces permif- » fions, ne fert qu'à faire fortir au plus » bas prix, une denrée, qu'il faut enfuite » racheter de l'Etranger, lorfque fa ra- » reté l'a rendue plus chere en France ;

d'un autre côté ces permiſſions ſont quelquefois retardées, reſtraintes ou gênées. Ces retardements, ces reſtrictions ſouvent, en font perdre le fruit.

On déſigne deux ou trois Ports : ces endroits ſont les ſeules iſſues par où l'on peut faire ſortir un ſuperflu de grains. Les Cultivateurs éloignés ne peuvent ſe reſſentir de cet avantage. Les frais de tranſport abſorberoient bientôt le montant du bénéfice. Les ſeuls endroits voiſins des débouchés, peuvent jouir de ces reſſources, & ces prédilections donnent naiſſance à des murmures. Elles augmentent le découragement, par tout où l'on n'en peut profiter.

Les retardements dans l'expédition de ces permiſſions, donnent ſouvent lieu à une eſpéce de diſette l'année ſuivante. Le Cultivateur peu aſſuré de la vente d'une denrée, dont il eſt ſurchargé, croit devoir, par les raiſons que l'on a déja rapportées, ſemer beaucoup moins : d'où il réſulte que ſi la ſortie des grains eſt considérable, & que la récolte suivante soit malheureuse, la disette est inévitable.

Parmi les inconvénients qu'occasionnent les retardements dans l'expédition des *passe-ports*, & que la Société cite, le plus ordinaire est celui de rendre souvent ces permissions inutiles. On sçait que les opérations de ce commerce demandent la plus grande célérité. Dès que les Nations du Nord apprennent que les bleds manquent en Portugal, ou dans les autres Etats du midi, elles en exportent sur le champ, & les Négociants françois qui, par leur position, » seroient » en état de devancer ces derniers, per- » dent, en sollicitant leur privilége, le » tems que les Etrangers employent à » approvisionner ces derniers Etats, de » leurs grains.

La *Société* rapporte au soutien de ce fait, ce qui est arrivé en 1759 par l'inconvénient de ce retardement. Dans un des Evêchés de la Province, (*Quimper*) on y confervôit les récoltes entieres en *orge*, depuis quatre années confécutives. On n'avoit aucune efpérance de les confommer : on crut devoir penfer à les tranfporter en Portugal, où le débouché étoit affuré ; mais le *paffe-port* n'arriva pas affez tôt. Les Etrangers eurent le tems d'y faire paffer leurs récoltes, & on fut contraint de garder celles de Bretagne. D'un autre côté les frais & les gênes auxquels on avoit affujetti cette exportation, & dont la Société fait le détail, ne pouvoient que rebuter les Commerçants.

On donne maintenant un tableau des frais que les habitants de l'Evêché de Quimper, qui devoient cinq années de redevance à leurs propriétaires, fe font vûs forcés de fupporter. » Le tonneau (a), » fuivant le détail des frais de confer-

____

(a) Comme on ignore de quelle forte de mefure la Société entend parler ici, nous difons que le tonneau mefure de mer, pefe 200 liv. poids de marc, ou vingt quintaux, & que le tonneau, mefure de Quimper, peut pefer 1200 liv. ou environ.

» vation & de pertes, coutoit chaque
» année, *dit cette Société*, une fomme
» de 13 livres 14 fols 2 den., & il ne va-
» loit en Juillet 1760, que 60 livres.
Partant l'habitant a dû fupporter une
perte confidérable, en vendant l'orge ce
prix, au bout de cinq ans de conferva-
tion.

» Les événements fâcheux dont on
» vient de parler, & leurs fuites, ne
» peuvent que rebuter le Laboureur,
» *répéte la Société*, lui faire quitter fa
» Charrue ruineufe, & fe choifir un état
» plus lucratif. Le befoin infpire cette
» idée au moins intelligent.

Mais à quoi lui fervira cette découverte, s'il a des productions dont il ne
puiffe fe débaraffer. Le montant de leur
prix eft cependant le feul moyen qui
puiffe l'aider dans fon entreprife. La
feule reffource fera donc de gémir fur le
malheur de fon état.

On continue à étendre les obfervations qu'avoit ci-devant faites cette So-

K iv

ciété (*a*), fur le fort du Laboureur. On examine de nouveau l'unique direction de fes travaux, qu'on fçait qu'il borne à fes befoins: on calcule ce que fes cultures peuvent lui couter, & l'on voit avec furprife, que la dépenfe furpaffe le produit.

La Société fait enfuite différentes digreffions fur l'effet qu'occafionne le bas prix, dans la valeur du bled vis-à-vis du petit peuple habitant les villes. Elle perfifte à foutenir qu'une exportation libre & permanente, remédiera à toüs ces obftacles qu'on peut dès-à-préfent envifager.

Si le bled manque en France au même inftant que chez l'Etranger, il n'eft pas à craindre qu'on l'exporte. Le prix qu'en donnera le Confommateur françois, y mettra une borne. Si la France feule

____

(*a*) Nous avons cru devoir paffer rapidement fur toutes les obfervations que la *Société de Rennes* fait ici, elles contiennent dans un plus grand détail, tout ce qu'elle avoit fait en 1757 & 1758; nous en avons déja rendu compte. *Voyez ci-devant page* 119 *de ce Volume.*

éprouve la difette, les Etrangers qui fe trouveront dans l'abondance ne manqueront pas d'y en importer promptement. La quantité qu'ils y feront paffer en fera bientôt baiffer le prix. Quand au contraire, ce Royaume fe trouvera dans l'abondance à fon tour, fes bleds s'exporteront jufqu'à ce que leur prix foit au niveau de celui qu'il auront dans les marchés de l'Europe. Une fois qu'on aura atteint cette fixation, le Négociant n'en fera plus fortir ; fon intérêt équivaudra l'effet des prohibitions, il fera même un obftacle plus fur à la fortie. Tout Commerçant ne trafique que pour gagner, où il prévoit de la perte, il craint de s'expofer à l'effuyer.

D'un autre côté il n'eft pas à craindre que des *Monopoleurs* faffent des amas cachés, ils feroient bientôt punis par les pertes qu'ils éprouveroient furement, en confervant des grains (*a*).

______

(*a*) En 1740. » M. Orry, *dit un Auteur*, (*) fit venir
(*) M. CHAMOUSSET. *Voyez fes Obfervations fur la liberté du Commerce des Grains* , page 51.

Suivant ce fyſtême, toute eſpéce de gênes nuit à ce commerce. L'exportation doit donc être ſans reſtriction & ſans limites.

La *Société* entre de nouveau dans le détail de tous les inconvénients qui naiſſent de tous ces priviléges momentanés. Elle cite quelques monopoles, ſoit volontaires, ſoit forcés, qui en réſultent. Nous en avons aſſez parlé. Ajouter à ce que, *dit encore cette Société*, ne pourroit être qu'une répétition de ce que nous avons précédemment rapporté de ſes obſervations.

On paſſe à la deſcription de la méthode de faire le commerce de grains en Europe.

C'eſt dans l'*Eſpagne*, le *Portugal*, & dans

» pour trois millions de bled, il n'en vendit pas, & ces » bleds germerent, parce qu'à l'arrivée de ces ſe- » cours, les Magaſins particuliers s'ouvrirent : çepen- » dant ces amas cachés, ſans donner lieu à la diſette, » *dit la Société*, en firent néanmoins éprouver tous les » inconvéniens ». Ce mal ne ſeroit pas arrivé, ſi la liberté abſolue dans le Commerce du grain, eut été établie.

une partie de l'*Italie*, que la récolte en bleds manque le plus fréquemment. La Hollande & les autres Etats du Nord, en envoyent communément dans ces différents Pays.

Personne n'ignore que de tous les tems, le sol de la *Hollande* n'a produit que la plus petite partie des grains que ses habitans exportent, & que l'*Angleterre* même s'en munit ailleurs que dans ses propres Ports. Ces deux Etats n'exportent ordinairement que des bleds qu'ils tirent du Nord, (de *Hambourg*, de *Dantzick*, &c.) On doit donc considérer le Nord, comme le grenier général où s'approvisionne l'Europe, lorsque les récoltes viennent à manquer dans quelques-unes de ses parties.

La navigation dans les mers du Nord, n'est pas toujours facile. Si la disette se fait ressentir en hyver, il n'est pas possible d'aller s'approvisionner de bleds dans la *mer Baltique*. Les glaces empêchent la sortie des Ports. Les Anglois & les

Hollandois qui font des amas chez eux, & qui s'attachent au *commerce d'économie*, profitent feuls des bénéfices de l'exportation.

La *Société* trouve les Ports de fa Province plus à portée de fubvenir à propos, aux befoins de l'*Efpagne*, du *Portugal* & de l'*Italie*, que ceux des Anglois & des Hollandois. On pourroit, *dit-elle*, conftituer la Bretagne, comme l'entrepôt du commerce des grains, lorfqu'on les tireroit du Nord ; mais il faudroit pour y parvenir, que les Négociants des Etats que nous venons de citer, euffent une fûreté entiére pour faire fortir à leur volonté les bleds qu'on pourroit y dépofer, & les exporter où ils le defireroient.

Si la difette régnoit en France, les bleds feroient à la proximité, & l'efpérance de les bien vendre, engageroit fans doute à les diftribuer dans les lieux où cette difette fe feroit fentir. Leur prix même feroit de beaucoup inférieur à celui du bled qu'on pourroit tirer d'ailleurs. On se trouveroit avoir un fret de moins à payer, & ce risque de mer qui s'évalue en argent, (*droit d'assurance* &c.) seroit épargné.

Mais si l'on continue à défendre la sortie des bleds de France, on ne doit pas s'attendre qu'aucun Négociant courre les risques d'y faire des entrepôts. Il n'exposera point sa marchandise aux inconvénients & aux gênes que nous venons de décrire. Il préférera tout autre lieu, où il aura la liberté de profiter des circonstances avantageuses à son commerce.

La *Société* donne ensuite les raisons qui l'engagent à désigner les Ports de la Bretagne comme des endroits convenables à des entrepôts. » On sçait, *dit elle,* » que cette Province fait un commerce » considérable d'exportation avec le » Nord ». Les habitants de ce Pays viennent acheter dans cette Province, le *caffé*, le *sucre*, l'*indigo*, les *syrops*,

les *vins*, les *eaux de vies*, le *miel*, &c.
On peut partir de ces faits pour les fpé-
culations fur le commerce des bleds,
puifque, comme on l'a dit plus haut,
ce font les habitants du Nord qui en
fourniffent prefque toute l'Europe. Il
leur fera donc facile d'en importer en
Bretagne, foit en échange, foit autrement. Ils apporteront des grains pour un
fret moins cher que pour tout autre
Pays, où ils ne trouveront pas les marchandifes qu'on a nommées plus haut.
D'un autre côté, quelque puiffe être le
bénéfice de ce fret, il les engagera toujours plus fûrement à s'approvifionner
en Bretagne, de ce qui leur eft néceffaire.

Delà la *Société* conclud, que la Bretagne, par fa pofition, & par fon commerce d'exportation, eft un lieu très-
convenable aux entrepôts de grains, &
que les Etrangers s'y rendront volontiers
pour s'en pourvoir. La certitude qu'ils
auront de faire fortir leurs marchandifes

avec la même facilité qu'ils les auront fait entrer, les y détermineront toujours.

On défireroit à ce fujet la publication d'une Loi autentique fur la liberté d'exporter en tout tems, les grains hors du Royaume, par-là la *Société* croit qu'on parviendra en même-tems à faire difparoître la difette. Malgré la prohibition, elle ne ceffe de défoler la France.

Quelques Citoyens réfléchiffant fur les fâcheux effets que produit la prohibition d'exporter les grains, paroiffent convaincus que par-là, ce commerce eft expofé à mille viciffitudes qui le rendent impraticable : cependant ils font encore indécis fur la néceffité de fupprimer cette prohibition. Ils conviennent qu'on doit favorifer le débouché de cette denrée ; mais la crainte d'une difette imaginaire, leur fait fouhaiter qu'on mette des bornes à cette permiffion d'exporter (*a*).

(*a*) Nous défapprouvons, comme la *Société de Bretagne*, ce fyftéme. Un Auteur (*) en propofe un autre
(*) M. CHAMOUSSET.

» Qu'on exporte, *disent ces Citoyens,*
» dans les années où le bled est à bon
» marché, mais dès qu'il s'élévera à un
» certain prix, que les Ports soient fer-
» més par le simple effet de la Loi,
» qui permettra l'exportation.

La *Société* démontre l'inconvénient de ce systême. Elle fait observer deux points essentiels, & elle invite à ne les point perdre de vûe.

Le premier est que le bled est quelquefois cher dans certains cantons, tandis qu'il est à bas prix dans les environs. Elle croit qu'il faudroit pour lors un tarif pour chaque lieu de sortie, & qu'il faudroit le changer à chaque récolte.

qui n'est pas plus convenable ; il veut » la défense de » l'exportation du bled, lorsque le prix du septier sera » au-dessus de 24 liv. & qu'on mette une taxe sur celui » qui sera vendu au-dessus de 20 livres. Une autre personne en propose un, qui tient en milieu entre ceux-ci. Nous le comptons le plus favorable au but auquel chacun s'empresse aujourd'hui de parvenir. Nous voulons dire au rétablissement de l'Agriculture, à la population, & à l'aisance des peuples.

Ces contradictions dans les opinions exigent cependant des éclaircissements plus étendus sur ce sujet. *Voyez en conséquence l'article ci-après, qui a pour titre : Eclaircissements demandés sur différents objets de Commerce.*

Le

Le second, que ce font les bleds étrangers qui pourvoient aux befoins de la
France, en tems de difette : ce qui arrive effectivement, en certaines années.
Il eft donc important de ne pas refufer
l'entrée de ces bleds étrangers dans le
Royaume ; mais au contraire, il faut les
attirer par tous les moyens poffibles.

Lorfqu'on admet que la liberté de l'exportation eft défirable pour affurer le débouché du fuperflu des productions
françoifes dans les années abondantes,
elle doit par le même principe, être regardée comme néceffaire, pour affurer
les approvifionnements dans les tems de
difette.

» Il dépend en France de la volonté
» du Souverain de permettre au Cultiva-
» teur de vendre fa denrée, ou de le lui
» défendre ; mais on n'a pas le même
» pouvoir fur l'Etranger, pour l'obliger
» à apporter fes grains en France, & à
» s'y foumettre à la police qu'on peut y
» établir. Ces faits doivent donc enga-

» ger, *pourſuit la Société*, à ſe prêter à
» leur égard, à des facilités attrayantes.
D'ailleurs il eſt de principe, que nous
ne pouvons nous paſſer de ſecours étrangers.

Ces obſervations judicieuſes, claires
& ſenſibles autoriſent la Société, à ſoutenir ſon ſyſtême ſur la liberté abſolue.
Le national en tems d'abondance, comme l'Etranger en tems de diſette, aura
toujours la certitude des débouchés de
ſes grains.

On ajoute maintenant de nouveaux
raiſonnements qui tendent à étayer le
ſyſtême de la Société ; mais elle l'a ſi
parfaitement établi , qu'il eſt inutile
de les rapporter ici. Ils ne forment
au ſurplus, qu'une répétition de ce
qu'elle a déja dit : en effet, on a vû
qu'elle a traité de la néceſſité d'attirer
le Marchand de grains étrangers dans la
Bretagne, de le déterminer à y établir
ſes entrepôts. Elle a auſſi cru qu'il étoit
convenable d'engager le Commerçant

national à y suppléer, & qu'il falloit nécessairement éloigner de l'idée du peuple, là crainte d'une disette.

La *Société* ne se lasse pas de démontrer la nécessité qu'il y auroit qu'on prononçât sur ce fait important de la prohibition. Elle est assurée que cette défense de la sortie des grains, ne prévient pas la disette, que tout ce qu'elle opere, c'est que ces disettes sont moins fréquentes. Elle cite les Etats voisins de la France, où il n'y a pas de gênes sur le commerce des bleds. Elle infere que la disette ne s'y fait pas sentir, « il en seroit donc de mê- » me, *dit-elle*, en France, lorsque la li- » berté seroit rendue à ce commerce.

On peut faire l'expérience en petit, si l'on craint d'exposer l'Etat entier au fleau de la disette. La Bretagne a une position favorable pour cet essai. On peut former une barriere entre cette Province qui est une péninsule, & les Provinces qui l'avoisinent du côté de la terre.

L ij

Il y a déja une barriere élevée pour d'autres objets. Il ne s'agiroit que de donner ordre à ceux qui la gardent, de veiller à ce qu'aucuns grains des Provinces limitrophes de la Bretagne n'y entraffent. On laifferoit au contraire, entrer plus librement dans le Royaume, les bleds de la Bretagne & ceux des Pays étrangers, qui auroient paffé par cette Province. On adopteroit enfuite dans tout le Royaume, pour le commerce des grains, le fyftême qu'on trouveroit le plus avantageux.

La *Société* obferve que les Evêchés de la Province fitués du côté du Nord, n'auroient pas tout à-fait intérêt de confentir à cette expérience. Ces cantons font fouvent dépourvûs de bleds, & ceux du Sud, leur en fourniffent. Cependant il y a trente ans que la Province affemblée, demande avec les plus vives inftances, la permiffion d'exporter. Lorfqu'il s'agit d'un bien général, l'intérêt particulier doit être facrifié.

Par les obfervations que nous venons de rapporter, la *Société* ne tend point à obtenir un privilége exclufif. Elle en connoît tous les abus ; mais elle ne peut parler qu'en faveur de fa Province ; c'eft aux perfonnes qui font à la tête des au-tres, d'en faire de même. Au furplus, fi la Province de Bretagne obtient cette fuppreffion, les heureux fuccès qu'elle eft en droit d'en attendre, pourront être un acheminement au bonheur des autres Provinces du Royaume.

» Il ne s'agit pas de concentrer les bé-
» néfices de l'exportation dans une Pro-
» vince ; mais il faut éprouver à quel
» point, la liberté d'exporter peut être
» utile à l'Etat.

Une Province maritime doit raffu-rer plus qu'une autre fur les dangers qu'on cherche à prévenir, par la prohi-bition. Il ne lui manque aucune efpéce de facilité pour communiquer avec tou-tes les parties du monde ; elle peut par conféquent recevoir & donner de tous côtés les plus prompts fecours : delà la *Société* efpere que la demande qu'elle invite les Etats de faire, fera favorablement écoutée.

Sur cet expofé, les ETATS de la Province (a) chargerent de nouveau leurs députés & Procureur Général - Syndic à la Cour, de folliciter avec le plus d'ardeur poffible, la libre exportation des grains de la Province, afin qu'on en pût faire ufage à la Paix. Il fut même convenu que dès-lors, on engageroit ces Députés à faire toutes les démarches néceffaires pour obtenir la permiffion de ce commerce de Province à Province, tant par mer & par les rivieres, que par terre.

SOCIÉTÉ DE BERNES.

Suiffe,
Bernes.

La Société de Bernes à fenti, comme celle de Bretagne, l'importance d'éclairer fes Concitoyens fur les principes &

______

(a) *Délibération du* 15 *Novembre* 1760. Elle confirmoit celle que les Etats avoient déja prife en 1758, & dont nous avons rendu compte. *Voyez ci-devant page* 137.

fur la pratique du *commerce des grains* ;
elle publie à ce fujet les réflexions d'un
Citoyen fur la queftion de fçavoir : *fi un
commerce illimité en grains, feroit un
moyen propre à mettre l'Agriculture dans
un état floriffant en SUISSE, & en bannir
pour toujours, la difette de cette denrée ; ou
enfin, quelle autre voye on pourroit fuivre,
pour arriver à ce but.*

M. S. E. dans fon début, s'éléve contre les préjugés dont les hommes, & en
particulier les Cultivateurs, ont toujours
été efclaves. Il foutient que malgré les
maux que ces préjugés ont caufés de tout
tems, ils n'ont pas laiffé que d'étendre
de plus en plus leur empire tyrannique.

Le Cultivateur ne doit pas oublier
qu'il eft redevable aux Citoyens éclairés,
des découvertes les plus heureufes. Leurs
lumiéres lui ont fouvent procuré des fecours néceffaires à fes befoins & à fon
aifance. » La Suiffe, par exemple, *dit*
» *l'Auteur*, doit à des perfonnes de con-
» fidération du Pays, la connoiffance des

» *pommes de terre*, de *l'esparcette*, (*sain-*
» *foin*,) & des propriétés de la *marne* ».
Sans le zéle de ces Citoyens, le Cultivateur Suisse n'auroit pas joui sitôt du
fruit de ces connoissances utiles.

Après cet exposé, l'Auteur conclud
que le souvenir de ces bienfaits, devroit engager les peuples à prendre confiance dans les personnes qui s'appli-
quent à leur procurer de nouveaux avantages.

M. S. E. se récrie ensuite contre les
écrits de certains Auteurs ; mais il ne
discute pas tout-à-fait les préceptes qu'on
y établit ; il ne les combat même pas.
Il conseille seulement, de se délivrer des
préjugés qu'ils n'inspirent que trop souvent.

» On s'attache facilement, *dit-il*, aux
» écrits de certains Auteurs accrédités ;
» ces Ecrivains à la faveur de leur répu-
» tation & de leur éloquence, fondent
» ou rejettent des principes généraux ou
» particuliers, & par des raisonnemens

» qui souvent s'écartent de la véritable
» voye, gagnent les esprits & la con-
» fiance entiere de leurs Lecteurs. Il suf-
» fit que ce soit des Auteurs de nom qui
» aient dit, ou écrit quelque chose, pour
» que ces paroles, ces écrits, aient force
» de Loi.

M. S. E. cite l'*Ami des hommes* (a),
l'*Auteur des Intéréts de la France mal en-
tendus* (b), & celui de l'*Essai sur la Police
des grains* (c). Ces Ecrivains célébres veulent une liberté entiere & illimitée dans
la vente & l'exportation des bleds. Ils
regardent ce moyen comme infaillible
pour remettre l'Agriculture en vigueur,
& en même-tems les Citoyens à l'abri des
disettes.

Le systême qu'ils ont établi paroît spé-
cieux à l'*Auteur* des réflexions que nous
rapportons. Il sçait qu'il a déja fait beaucoup d'impression sur un grand nombre

---

(a) M. de Mirabeau.
(b) M. Goudart.
(c) M. Herbert.

de personnes, & qu'il semble être aujourd'hui très-susceptible d'exécution.

Cependant il lui paroît important pour le bien de l'état de la Suisse, entr'autres, de renverser ce système, « ce » qui peut être avantageux dans un lieu, » peut être, *dit l'Auteur*, très-préjudi- » ciable dans un autre ». En conséquence il tâche d'établir ces principes, en attaquant ceux des Auteurs françois cités ci-dessus. Il n'entre cependant pas dans des détails bien étendus pour étayer les principes qu'il prescrit.

Après une digression sur le partage inégal, que la nature a fait des productions qui doivent se recueillir sur la terre, l'*Auteur* rend compte des motifs de ces différences (*a*). Il passe ensuite à l'origine du commerce (*b*), il fait voir la nécessité

______

(*a*) En Europe, dit-il, l'usage est de faire du *Pain* avec la farine du grain de Froment : en Amérique, on y fait *au contraire*, du *pain* nommé *Cassave*, avec la farine de la racine de *Manioc :* en Orient on se nourrit de pain fait avec la farine de *Ris*, &c.

(*b*) Cet objet a été traité dans notre Préface du Commerce, d'après le Spectateur Anglois. *Voyez page j & sui-*

de le faire fur les denrées propres à la fubfiftance humaine préférablement à tout autre. Il fait connoître pour lors, que quoique le commerce des boiffons & des viandes, foit néceffaire à l'homme, ainfi que celui des bleds ; il peut cependant fe paffer de ces premieres denrées (*a*). Auffi, *infere-t-il*, » que jamais ces deux » premiers commerces n'eurent les mê- » mes entraves que le dernier ». La difette de *vin*, de *beftiaux*, &c. n'a jamais excité tant de plaintes que la difette de bleds ; » malheur à l'Etat où le vin eft à » charge, les fuites de fa trop grande » abondance le menacent de fa ruine (*b*).

L'*Auteur* démontre l'utilité d'élever

______

vante du premier *Vol. de cette Partie* ; c'eft pourquoi nous obmettons ces rapports, de crainte de nous répéter.

(*a*) D'ailleurs outre qu'on peut fe paffer de liqueurs naturelles, telles que *Vin*, *Cidre*, &c. pour boiffon, c'eft que l'art peut procurer à l'homme, la *Bierre*, l'*Hydromel* (*), la *Boulie*, &c. (**).

(*b*) M. S. E. rapporte ici un fait qui milite contre lui. S'il eft vrai que l'abondance des vins ruine & le Vigneron & le Pays qu'il fuppofe complanté en vignes, n'en eft-il pas de même, lorfque le bled eft à bas prix, foit par fon abondance, foit autrement. Les faits hiftoriques qu'il rapporte au foutien de fon opinion, donnent le même appui à ce que nous difons ici.

(*) Liqueur compofée d'eau, de *miel* & de *Canelle*, &c.
(**) Liqueur compofée de Son, de Farine & d'Eau.

des beftiaux non-feulement pour fournir
à la fubfiftance humaine, mais encore
aux befoins des travaux du labourage;
enfin il reconnoît qu'il eft de l'intérêt
du bien public, d'être attentif à procurer tout ce qui eft propre à empêcher
la difette d'une fubfiftance auffi néceffaire, que celle du pain.

L'utilité de procurer une abondance
en bled dans la Suiffe, l'engage à con-
feiller d'y étendre la culture du bled,
fans altérer cependant, celle des denrées
qu'on peut également y recueillir, &
qu'on peut éviter de continuer à tirer de
l'Etranger pour fes befoins. Il excepte
néanmoins certains Pays de l'exécution
rigoureufe de ce fyftême : il cite à cette
occafion la *Hollande* & l'*Amérique.* Le
terrein de la Hollande ne lui paroît pas
propre, ni affez étendu, & pour la culture
du bled, & pour celle de certaines autres
denrées; & dans le nouveau Monde,
ajoute-t-il, » on recueille des denrées
» beaucoup plus précieufes par leur va-
» leur que les grains.

Après cet expofé, il fe fait les queftions fuivantes pour y répondre enfuite.

I.

Si un commerce de grains libre & illimité, tant à l'égard de l'entrée que de la fortie, eft un moyen fur & infaillible pour préferver un Etat de difette & de cherté, & pour y faire fleurir l'Agriculture.

L'*Auteur*, pour réfoudre cette queftion, s'attache à diftinguer les diverfes fituations des emplacements des Pays, & les autres circonftances. La pofition de la France & de l'Angleterre s'offre d'abord à fes yeux, & fur-tout celle de ce dernier Royaume ». Cet état, *dit-il*, » a formé la baze du fyftême que je ré- » fute.

L'Angleterre a été confiderée par les Auteurs qu'il a nommés, comme un Etat qui avant la liberté & l'encouragement donné au commerce des grains, a essuyé les disettes de cette denrée. Alors ce Royaume s'est vû forcé d'en tirer de l'Etranger ; & depuis l'époque de la liberté de l'exportation des grains, il se trouve, au contraire, en état d'en fournir à l'Etranger.

L'*Auteur* observe que l'Angleterre est une Isle, & la France un Pays maritime. Il est de principe chez les Anglois de protéger le commerce en grains, il est florissant, & il fait la richesse du Pays. Il procure non-seulement beaucoup d'argent par le transport ; mais encore un grand nombre de personnes y gagnent leur vie. Il augmente considerablement la Marine dont l'Angleterre tire sa force, & il multiplie le nombre des Matelots dont elle a besoin.

Il est du bled comme des autres denrées. Le Négociant en Angleterre sçait, pour ainsi dire, chaque jour où il peut l'exporter, & d'où il peut l'importer avec bénéfice. Peu lui importe de commercer dans *tel* ou *tel* endroit. Il dirige toujours ſes ſpéculations vers le lieu où le profit fonde ſes eſpérances. Calculer & ſpéculer exactement les profits & les pertes qu'un commerce peut donner, c'eſt la ſcience du Commerçant. Dans les Pays où les Négociants ſont en grand nombre, une liberté entiere dans le commerce de grains, ne peut cauſer ni à eux, ni à la Nation, un dommage bien conſidérable. » En effet, *dit l'Auteur*, il » n'y aura point d'époque où l'abondan- » ce ſoit ſi grande, & le prix du bled ſi » vil, qu'il n'y ait du gain à l'exporter » de l'Angleterre pour le faire paſſer dans » d'autres Pays : il n'y aura point non » plus de Pays où la diſette ſoit telle » qu'on perde ſes peines à y en faire » venir de l'Etranger : l'*Auteur* ſe repoſe ſur l'aiſance des Négociants Anglois pour former des dépôts conſidérables de bleds. Ces Négociants ſont aſſurés, ſui-vant lui, qu'il n'y aura pas deux années de ſuite, une ſemblable abondance de grains par-tout.

A l'exception du tems de guerre, l'entrée des grains eft toujours libre dans l'Amérique. Delà il conclud qu'on peut négliger jufqu'à un certain point dans ces contrées, la culture du bled, fans avoir lieu de craindre qu'il puiffe en réfulter aucun préjudice pour la Nation. La Hollande & parties de l'Amérique qu'on a citées, en fourniffent la preuve.

Pour fe faire mieux entendre, l'*Auteur* calcule ce qu'un arpent femé en bled, & le même efpace planté en vignes, &c. peuvent rapporter. Si la plantation donne un produit fupérieur à celui de la femaille du bled, il confeille de préférer la *vigne*, &c. & d'acheter du bled. » L'augmentation du prix des » grains, *dit-il*, en fera la fuite, & c'eft » ce qu'il faut defirer «. Cependant il défapprouve, comme l'on verra, la conduite de ceux qui dans la vue de s'enrichir au détriment de leurs Concitoyens, font hauffer le prix d'une denrée indifpenfable aux befoins communs.

L'Auteur

L'Auteur fe flattant de la jufteffe de fes réflexions pour ce qui regarde l'Angleterre, prévoit les objections qu'on va lui faire fur ce qui concerne la France.

» On m'oppofera, *dit-il,* que la France » eft un Pays d'une vafte étendue, qu'elle » forme une efpéce de péninfule, & que » cette fituation ne doit pas lui per- » mettre l'entiere liberté de la fortie de » fes grains. D'un côté les Pays qui la » confinent en abondent (*a*), & de l'au- » tre elle ne peut facilement placer » cette denrée dans les Etats limitro- » phes qui en manquent (*b*).

Cette fituation n'eft plus celle de l'Angleterre. Ce dernier Royaume eft une Ifle dont la fituation & les vaiffeaux facilitent l'exportation & l'importation de toutes parts.

M. S. E. ne contredit qu'une partie de ces faits vrais en eux-mêmes ; mais il nie la conféquence qu'on en tire.

____

(*a*) L'Italie, &c.
(*b*) La Suiffe, l'Efpagne, &c.

Il fait obſerver que toutes les Provinces de France ſont attenantes les unes des autres ; toutes ſont ſous la même domination , & le Souverain doit continuer d'avoir à cœur, le bonheur en général de tous ſes Sujets : » Autrement, » *dit-il*, les habitants des côtes maritimes du Royaume , ſeroient les ſeuls » qui puſſent profiter des bons effets de » la liberté dans le commerce des grains.

Pour démontrer plus clairement ce que l'Auteur vient d'expoſer , il faut ſuppoſer la ſortie générale des grains permiſe , & choiſir les Provinces de l'Iſle de *France*, du *Soiſſonnois* , de la *Picardie* , de l'*Artois* & de la *Flandre Valonne*, diſpoſées ſur une même ligne directe vers le Nord. Les Négociants des Ports de Mer de la Province de Flandres, commenceront à épuiſer l'*Artois* comme plus à leur portée ; bientôt le prix du bled hauſſera en cette Province. Pour remédier à ce hauſſement de prix, il faudra que le Pays d'Artois tire des bleds

de la Picardie, & ainsi successive-
ment des autres Provinces plus éloi-
gnées des Ports de mer. Cette même
opération se fera également dans les autres Provinces de France, en les consi-
dérant toujours en ligne directe, depuis
le centre du Royaume, jusqu'aux différents Ports de mer. Dans cette supposition toutes les Provinces du Royaume
pourront se ressentir de l'effet de cette
exportation.

L'Auteur ne désapprouve pas la libre
sortie des grains considérée sous ce
point de vûe. Il reconnoît même qu'on
peut dans ce cas, recueillir en France,
les mêmes avantages qu'en Angleterre ;
mais il propose une autre question, &
place sa réponse à la suite.

I I.

” *Le Commerce des bleds pour lors, ne*
” *doit-il pas être restreint, ou entiérement*
” *défendu, même dans les Provinces dont*
” *il vient de parler ?*

C'est ici que l'*Auteur se dévoile*, & qu'il trouve que les régles générales doivent souffrir des exceptions.

M. *Herbert* suppose, *dit M.S.E.* » que » lorsque la disette des bleds se fait éga- » lement sentir, & dans une Province de » France, & dans un Etat voisin, il est » impossible que les Etrangers viennent » s'en fournir dans cette mêmeProvince : à cela l'Auteur répond, que si les Etrangers ne sont pas encore venus acheter les bleds dans cette Province, lors de l'événement de la disette, il ne s'ensuit pas de là, qu'ils ne puissent le faire dans la suite.

Il rappelle à ce sujet qu'en 1740, & autres années que la disette de bled s'est fait sentir en France, on fit venir de toutes parts des grains, sans s'inquiéter de leur prix. Il en peut être de même pour les Etrangers dans de pareilles cir- constances. Le prix excessif des grains n'empêchera pas d'en acheter en France comme par-tout ailleurs. Les Monopo-

leurs fe trouvant éguillonnés par les bénéfices, fe laifferont féduire à l'amorce
d'un gain confidérable, & laifferont leurs
Concitoyens en proye à la famine. Mille
exemples viennent au foutien de ce fait.
Dans cette pofition, l'*Auteur* croit que
l'exportation ne peut être permife.

M. S. E. voudroit qu'on défendit la
fortie des grains de France, non-feulement en tems de difette ; mais encore
en tems de guerre (*a*). Il voudroit
qu'on remplit les Magafins royaux, avec
ce qu'on pourroit tirer de certaines Provinces de France & des Pays voifins qui
ne feront pas en guerre avec ce Royaume.

Il rappelle encore à l'appui de ce
qu'il vient d'avancer, ce qui eft arrivé
en 1709, & il cite un paffage d'un Auteur françois à ce fujet.

» Un hyver terrible avoit porté la

___

(*a*) Dans l'un & l'autre cas, nous obfervons que les
François payent le bled fi cher, que les Marchands
étrangers ne font pas difpofé à s'en pourvoir, conféquemment la défenfe de l'exporter eft inutile.

» misere au plus haut point en France.
» La rigueur du gel avoit fait périr pres-
» que tous les arbres. Il ne restoit au-
» cune espérance de moisson. On étoit
» sans magasins & manquant de vais-
» seaux, on ne pouvoit pas se pourvoir
» de grains chez l'Etranger : en un mot,
» la malheureuse France, accablée sous
» le poids de l'indigence & de la diset-
» te, paroissoit toucher à l'époque d'une
» ruine fatale.

Cette citation excite notre Auteur à demander si ces cas n'exigent pas des exceptions de la régle générale.

Après ces réflexions, l'*Auteur* fait connoître le rapport des mesures & des prix des grains de l'Angleterre avec ceux de la France & de Bernes. Il traite de cet objet, parce que tout système de libre exportation des bleds, se modéle sur l'exemple des Anglois.

M. S. E. démontre la valeur & le poids de la *quarter* ou *quarte* de grains, mesure d'Angleterre. Il la compare à celle dont on fe fert en France, à Bernes, &c. Il veut faire connoître par là, quelle eft la différence des prix, pour la même mefure de bled, tant en France, à Bernes, qu'en Angleterre ; en même-tems il veut démontrer que ce n'eft que lorfque cette mefure eft à un certain prix dans ce dernier Royaume, que le Gouvernement accorde pour l'exportation, une gratification de cinq fchelins par quarter (*a*), & qu'au contraire, lorfque la valeur de cette mefure de bled eft au-deffus de celle qui eft fixée, la fortie en eft défendue.

L'Angleterre, comme l'Auteur le veut faire entendre, n'accorde donc pas une liberté entiere & illimitée à ce commerce de grains. Il conclud qu'on devroit la limiter, fi on continue de fuivre pour modéle, la police des grains qui fe pratique en cet Etat.

_____

(*a*) Cinq Schelins font 5 liv. 12 fols 6 deniers de France.

M iv

Il s'agit maintenant dans les réflexions de notre Auteur, de sçavoir si

I I I.

L'emplacement & les circonstances où la Suisse se trouve, lui permettent de se modeler sur les Pays maritimes tant Francois qu'autres : c'est-à-dire, de priser à son égard (la Suisse), les avantages de la liberté du commerce en grains.

M. S. E. donne la description de la situation de la Suisse. Il dénomme ses bornes & les Pays qui l'avoisinent. Il démontre les obstacles qui s'opposent aux débouchés en cas d'abondance & aux approvisionnements en cas de disette. Le trajet des montagnes de ce Pays, & la nécessité d'avoir toujours des barrieres du côté de l'Occident,) *la France,*) font les deux principaux objets de ses attentions. » Les abondantes » récoltes en bled des Provinces du » Royaume qu'il vient de nommer, se » versent, *dit-il,* dans la Suisse de ce côté.

» Elles s'y vendent à un prix inférieur
» à celles nationales. Ces ventes de
» grains ne peuvent que nuire à celles
» des bleds nationaux, & donner lieu
» aux malheureux effets, que la modicité
» du prix de cette denrée entraîne.
» (*Négliger la culture des terres* , &.)

Les verfements des bleds françois qui fe font journellement en Suiffe, foit par contrebande, lorfque la fortie de France eft prohibée, foit autrement, lorfque l'exportation eft permife (*a*), font rapportés comme la preuve des faits que l'Auteur vient d'avancer ; » en effet, » *ajoute-t-il*, le bled nationnal ne fe vend » plus, dès que celui de Bourgogne, » &c, paroît dans les Etats de la » Suiffe.

Depuis long-tems cette fortie libre eft eft refufée aux François ; mais l'Auteur

______

(*a*) On cite à ce fujet un paffage de M. *Ferrant*, Intendant de Bourgogne, qui eft rapporté par M. *Herbert.* Cet Intendant démontroit que les Bourguignons n'avoient d'autres débouchés pour leurs grains, que la Suiffe & le Pays Génevois.

craint que l'abondance en France ne la fasse permettre, & que la disette en Suisse, ne la fasse défendre.

S'il en est ainsi des Pays voisins de la Suisse du côté de la France (*a*), il en est de même du côté qu'elle joint l'Allemagne. Ce Pays abonde également en grains, & conséquemment même inconvénient pour la liberté de ce commerce.

Après la description de la Suisse en général, l'*Auteur* s'attache à celle du Canton de Bernes en particulier. Il trouve que ce Canton confine à quelques Pays assez abondants en bleds, mais que le plus grand nombre est très-peu fertile.

Il examine ensuite si la situation du Canton de Bernes, se trouve dans le cas de recevoir l'application de ce que M. *Haller* a ajouté, en traduisant l'ouvrage de M. *Herbert*.

. La premiere observation de M. *Haller*, qu'on rapporte, tend à faire connoître

____

(*a*) Un rapport de l'Intendant d'Alsace (M. *de la Houssaye*) vient encore à l'appui de ce fait.

que l'abondance des grains fait la richef-
fe la plus effentielle d'un Etat. Sur cet
article, l'Auteur eft de fon avis.

Il n'en eft pas de même de la feconde
obfervation, M. *Haller* eftime avec raifon, que le commerce des grains eft
profitable à toute Nation qui fe trouve
près de la mer ou de rivieres navigables.
» Tout Pays, répond *M. S. E.* n'a pas
» cet avantage, non-feulement il pourra
» manquer de ces voyes favorables au
» tranfport, mais encore les Etats limi-
» trophes feront peut-être dans le même
» cas ». Ce Pays ne peut donc jouir du
fruit de ce commerce.

Cette application, répond l'*Auteur*,
peut fe faire aux Provinces maritimes de
la France, mais elle ne fçauroit être jufte
pour les Provinces intérieures de ce
Royaume qui manquent de navigation,
ainfi que la plus grande partie des Pays
de l'Europe.

S'il fe trouve des rivieres propres à
l'exportation, elles ne feront favorables

qu'aux Pays à travers lefquels le bled doit paffer. Dans ces Cantons on fera des envois à très-bas prix, tandis que le bled des lieux plus éloignés, devra être augmenté à caufe des frais de tranfport plus confidérables, &c.

L'Auteur trouve précifément la Suiffe dans cette pofition; » ce Pays, *dit-il*, » eft bien rempli de lacs & de rivieres » qui ont des débouchés; mais ces iffues » font dirigées malheureufement pour » ce commerce vers la France, ou au- » tres Pays qui abondent en grains, & » où le prix de cette denrée eft infé- » rieur à celui de la Suiffe.

L'Alface en tems de guerre a fourni de ces exemples frappants, que l'Auteur rapporte, au foutien de fon fentiment. Ils fervent, felon lui, à étayer folide- ment fon fyftême.

D'après ces réflexions, *M. S. E.* per- fifte à foutenir l'inutilité, de femer beau- coup de grains en Suiffe, & il s'efforce de prouver que le commerce de cette denrée lui feroit entiérement à charge.

» Le tranfport des grains fur des char- » riots, *dit M. Haller*, (*c'eft fa troifiéme » obfervation*), peut rarement être avan- » tageux. Cela dépend du befoin, de » la facilité de faire des charrois, & du » plus ou du moins de difficulté que les » peuples ont à fe procurer cette denrée » par une autre voie ». *L'Auteur* trouve de la juftefle dans cette obfervation, & il rappelle en même-tems ce que **M.** *Haller* dit des voifins de la Suiffe, dont l'ufage eft de fe fervir de charriots pour conduire leurs grains en cet Etat.

La quatriéme propofition de **M.** *Hal-ler*, eft » qu'il vaut mieux payer fort » cher le bled recueilli dans fon Pays, » que de l'acheter à bas prix de l'Etran- » ger » ; celle-ci paroît également jufte à l'Auteur.

Par la cinquiéme obfervation, **M.** *Hal-ler* eftime que les befoins de l'Etranger, & la facilité de lui fournir des Marchan-difes de fon crû, peuvent juftifier ce

commerce d'importation de grains, &
faire négliger la culture de cette denrée ; mais pour cet effet, il faut que les
denrées qu'on cultive à sa place, & qui
font données en échange, foient d'une
valeur au moins égale à celle de ces
grains qu'on pourroit recueillir.

L'Auteur admet cette derniere obfervation avec des reftriétions. Selon lui
ce commerce d'importation eft avantageux pour un Etat qui manquant de débouchés, recueille plus de grains qu'il
n'en confomme, & où le fol eft propre
à d'autres denrées dont la vente eft plus
lucrative que celle du bled. Il faut cependant que le Pays ne reffente aucune
diminution des grains néceffaires à la
fubfiftance de fes habitants; & » même,
» *pourfuit l'Auteur,* lorfque le prix des
» denrées d'échange, fera égal à celui du
» bled, leur culture doit être abandonnée.

M. *Haller* obferve qu'un Pays (*a*) éloi-

____

(*a*) Cette fituation fait croire à l'Auteur, que M. *Haller* a eu la Suiffe en vue dans cette obfervation.

gné de la mer & des rivieres navigables,
& environné de voisins qui abondent en
grains, & dont il est facile de se fournir à bon compte, peut se contenter
d'en cultiver pour sa consommation ;
mais il faut éviter & prévenir les mal-
heurs de la disette.

Cette observation de M. *Haller* se
trouve conforme au sentiment de notre
Auteur. Elle étaye ce qu'il a déja avancé. Tout dépend des circonstances & de
l'emplacement des lieux, & il conseille
à ceux qui gouvernent la Suisse, de faire
leurs efforts pour se garantir des effets
de la disette.

Il faut exciter le Laboureur par l'at-
trait du gain, (*c'est la septiéme observation de M. Haller* ;) il faut l'engager par-
là à tirer tout le parti possible de ses
terres, alors il se trouvera dans le
cas de désirer, & d'avoir besoin de su-
perfluité. Ce besoin aiguillonnera assurément, son application au travail.

Notre Auteur reconnoît toute la jus-

teſſe de la premiere partie de cette obſervation ; le Laboureur doit être excité
par le bénéfice qu'il peut faire ſur ſes
productions ; » mais, *pourſuit M. S. E.*
» le goût des ſuperfluités eſt dangéreux ;
» elles tendent au luxe, & conſéquem-
» ment ſont très-préjudiciables à l'habi-
» tant de la campagne.

La moleſſe & la volupté ſont regardées par l'Auteur comme un poiſon funeſte. » Dès qu'il a ſaiſi le cœur, il n'eſt
» plus de reméde ». La diſette & la pauvreté ſemblent favoriſer la guériſon du
mal ; mais ce remede forcé, n'opere
qu'une cure extérieure. Les déſirs, la
cupidité & mille autres paſſions ſe diſ-
putent l'empire du cœur ; elles enivrent
l'ame : rien ne peut faire diminuer la
chaleur de cette fermentation, enfin la
cure devient impoſſible, & le mal ſans
remede.

L'Auteur, après ces réflexions, s'applique à placer plus directement ſes obſervations ſur la poſition du Canton de
Bernes.

Bernes. Il fuppofe que le Gouvernement Suiffe foit difpofé à permettre la liberté dans le commerce des grains. Il démontre que dans ce cas, les habitants du voifinage de cet Etat, innonderont le Pays de bled en tems d'abondance, que l'Agriculture reftant fur le pied actuel en Suiffe, le prix courant des grains de ce Pays, furpaffera toujours celui de l'Etranger. L'abondance de ces grains étrangers & le peu de diminution à efperer dans les frais de culture des grains du Pays, forceront néceffairement le Laboureur à quitter fa profeffion & fa Patrie. Les terres pour lors refteront incultes.

Le bas prix des grains fatisferoit, il eft vrai, le Confommateur ; mais cette fatisfaction feroit de peu de durée pour ceux mêmes qui ne confultent que leur intérêt particulier, & qui ne s'inquiétent pas des fuites. Tout l'argent fortiroit du Pays, & n'y rentreroit plus : d'où il réfulte que la Suiffe manqueroit bientôt de tout.

D'un autre côté, qui pourroir empêcher les Souverains des Pays voisins, de
défendre l'exportation de leurs grains
dans la Suisse ? La moindre crainte de
disette ne détermineroit-elle pas à cette
prohibition ?

Cet épuisement & cette suppression
d'importation de grains en Suisse, ne seroient pas le seul malheur qui arriveroit
à cette République, elle éprouveroit
bientôt une grande diminution dans sa
population.

L'*Auteur* observe en outre, que l'argent est une matiére à laquelle on a attaché un prix éminent. Ce prix le fait
donner en échange pour tout ce qui
nous est nécessaire. Il est donc réputé
marchandise ; or, si dans un Etat une
marchandise est abondante, elle est à bon
marché , & celle qui est rare y est
fort chere. Si dans ce même Etat l'argent est commun, les autres marchandi-
difes y font communément cheres , &
où il sera rare , les denrées nationales
feront à bas prix.

M. S. E. dit *communément*, parce qu'il se trouve des exceptions : par exemple, si les grains conservent toujours en Angleterre un certain prix, quoiqu'ils y soient abondants attendu la bonne Agriculture, c'est par la raison que l'argent y est commun. L'argent au contraire, étant assez rare en Suisse, le bled y est cher, & ce qui en augmente le prix, ce sont les dépenses de culture, &c. Toute autre marchandise que le grain est d'un prix excessif en Angleterre ; ce qui se rapporte parfaitement à la maxime qu'où l'argent abonde, tout est cher.

L'*Auteur* parle maintenant de l'importance de suivre ce qui se pratique en Angleterre concernant la police des grains ; il croit que pour favoriser ce commerce, enrichir les Peuples, & prévenir la disette, il est nécessaire de publier une loi pareille à celle qui a été donnée en ce dernier Royaume à ce sujet. Cette loi permet & encourage la sortie des grains lorsque la mesure désignée, n'est qu'à un certain prix. Elle défend alors l'entrée des bleds étrangers. Si cette mesure augmente de valeur, jusqu'à un certain prix, elle en défend la sortie, & en laisse l'entrée libre.

Il s'agit maintenant de fixer ce prix ; & c'est ce qui fait le sujet de quelques remarques. Cet objet mérite la plus scrupuleuse attention.

D'abord l'*Auteur* désapprouve pour la Suisse, la méthode Angloise, d'accorder une gratification sur chaque mesure de grains exportée. La raison en est,

1°. que le sol Anglois surpassant en fertilité celui de la Suisse, il faudroit tirer en ligne de compte, la différence qui se trouve entre l'état florissant de l'Agriculture Angloise, & le peu de fertilité du terrein de la Suisse.

2°. La mesure de Bernes, quoique fixée à un certain prix, peut cependant se vendre à un prix inférieur, au moyen de la gratification qu'on pourroit promettre à l'exportation.

L'Auteur fait sentir l'impossibilité d'être maître du prix courant du grain étranger, par conséquent ces grandes dépenses ou gratifications deviendroient inutiles.

3°. L'usage n'est pas en Suisse d'y lever des impôts, les revenus de l'Etat ont une application destinée à ses besoins : au lieu qu'en Angleterre, on y léve fréquemment des impôts extraordinaires, & ceux qu'on employe aux gratifications, montent à des sommes considérables.

4°. Enfin il est impossible en se décidant en Suisse, à lever un tel impôt, de ne pas le faire supporter en général aux habitants de cet Etat. Tout le monde y contribueroit donc, & les riches, seuls en état de faire le commerce de grains, profiteroient des gains faits sur la vente de cette denrée, & jouiroient de la contribution des pauvres ; ce qui est injuste.

» Ces réflexions doivent démontrer, » *dit l'Auteur,* qu'on ne doit point accorder en Suisse, de gratifications à » l'exportation des grains. Il va plus loin,

N iij

tout ce qu'il a dit précédemment, lui femble avoir juftifié qu'un commerce en grains illimité & libre, ne tend pas à prévenir l'indigence & la cherté du grain dans ce dernier Pays. » Il ne contribue » pas , *pourfuit-il*, à faire fleurir l'A-» griculture , mais au contraire, il peut » y caufer la difette, & la deftruc-» tion de cette Agriculture «. Il refte à l'Auteur d'indiquer les moyens les plus propres à éviter ces fuites funeftes, & voici ce qu'il confeille fur cette ma-tiere.

Le premier moyen eft celui d'amé-liorer l'Agriculture ; le fecond eft celui de bâtir des magafins , & de les remplir de bled avec certaines précautions qu'il indiquera.

Ces deux moyens donnant lieu à des objeétions, l'*Auteur* en fait l'expofé, & les difcute en même-tems.

1°. M. *Haller*, » *dit-il*, » a foutenu que » la Suiffe ne fe trouve pas dans une » pofition ou un emplacement propre

» pour commercer en grains « : d'un autre côté, cet Etat a joui d'abondantes
récoltes, pendant nombre d'années confécutives. Cette abondance rendoit indigent le Laboureur. Il ne pouvoit fe
défaire qu'à très-bas prix de fa denrée.
Ses frais de culture occafionnoient une
dépenfe fupérieure à la valeur du bled:
La bonne Agriculture a reçu par conféquent des échecs : delà, fi les frais de
culture augmentent pour parvenir à une
meilleure récolte, ces maux réunis deviendront, fans contredit, des plus confidérables.

L'*Auteur* ne défavoue pas ces faits. Il
fe borne à en nier la conféquence. Il convient qu'il peut arriver que l'abondance
fur le pied où l'Agriculture fe trouve
maintenant, préjudicie au Laboureur ;
mais *il dit*, que » fi cette abondance étoit
» plus grande & foutenue, elle feroit au
» contraire, très - avantageufe , & très-
» profitable à ce même Laboureur , lorf-
» que le Gouvernement auroit pourvû à
» cet objet , par une fage loi.

Tous les hommes, *dit M. S. E.* eu égard à leur origine, doivent se regarder comme freres ; par ce moyen l'amour de la Société doit les porter à contribuer à leur bonheur.

Il entre ensuite dans une petite digression, sur l'empire qu'avoit autrefois cet amour dans le cœur des Suisses. Il leur rappelle ce qui se passa à ce sujet entre leurs ancêtres, & tout se rapporte ensuite à les exhorter à continuer de remplir ce devoir d'union qui » fait, » *dit-il*, gouter une si douce satisfaction.

Il fait voir ce qu'il en a couté à certains Cantons qui ne manquent de bled que pour avoir contribué à soulager leurs voisins, leurs alliés. Il rend sensible l'épuisement de l'argent que ces achats ont occasionné en les faisant venir de l'Etranger, & il est persuadé qu'en gènéral, tous les Cantons de cette Nation confédérée, peuvent améliorer leur Agriculture & faire les établissements utiles relatifs à ce but, (*les magasins de réserve*) qu'il a conseillés. On se fournira toujours mutuellement ou réciproquement une certaine quantité de bled à un prix raisonnable , par-là on remédiera aux deux grands maux dont il a parlé , (*la disette d'argent & celle du bled*).

Il passe maintenant au second principe, & il explique plus clairement qu'il n'a fait, la nécessité de s'attacher aux manufactures & aux branches de commerce qui en dépendent. Une juste proportion démontre l'emploi de l'abondance des denrées.

Il insiste sur la nécessité de s'appliquer particuliérement aux productions des denrées de premiere qualité. »» S'at-»» tacher à tout autre objet , c'est courir »» à sa perte.

Les Manufactures exigent un nombre d'ouvriers. Chacun se porte où le besoin le conduit. Le Cultivateur étranger comme le national , fournissent par conséquent des artisans. Cette augmentation de population exige plus de denrées. Les Laboureurs doivent nécessai-

rement pourvoir à l'entretien de ces nouveaux ouvriers tant nationaux qu'étrangers. Delà réſulte la néceſſité d'améliorer l'Agriculture d'un Pays dont on veut
faire fleurir l'induſtrie. Il eſt néceſſaire
que dans ce Pays, les denrées ſoient
abondantes & à un prix raiſonnable ;
cette abondance ne peut jamais lui être
préjudiciable.

A ces réflexions l'*Auteur* en ajoute
d'autres qui ne ſont pas moins judicieuſes ; mais comme leur but eſt de faire
ſentir toute l'utilité de ce qu'il a déja
ſuffiſamment prouvé, nous nous croyons
diſpenſé de les rapporter.

Si quelques perſonnes ont ſoutenu,
contre le ſentiment de *M. S. E.* que l'a-
mélioration de l'Agriculture en Suiſſe,
ne ſçauroit produire les heureux effets
qu'il promet , il s'en eſt trouvé auſſi,
qui rejettent l'utilité de l'établiſſement
des magaſins de grains de réſerve qu'il
conſeille.

1°. Ils expoſent que la conſtruction

des magasins publics, ôtera l'idée d'en faire de particuliers, par la raison que quand le prix des grains aura hauffé, la fortie en fera défendue, & que l'Etat déterminera par cette opération un prix courant, auquel le particulier ne trouvera pas fon compte, d'acheter pour en faire commerce.

2°. Que les frais de la bâtiffe, de l'entretien de ces magasins, & de l'achat du bled pour les remplir, feront trop difpendieux.

3°. Que fouvent il arrivera que le bled fe corrompra entiérement, & par conféquent deviendra dangéreux pour la nourriture, & peu propre pour les femailles.

4°. Que ces magasins formés dans la vûe de conferver au bled un prix affez bas, préjudicieront à l'Agriculture. Le Cultivateur ne pouvant efperer aucun gain fur fon grain par l'augmentation du bas prix, il n'aura plus d'aiguillon qui puiffe l'exciter à améliorer fa culture.

L'*Auteur* réfute ainsi ces objections.

» La premiere, *dit-il*, n'a aucun rap-
» port à la Suisse, la sortie des grains
» n'y est défendue que quand la disette
» & la cherté commencent à s'y faire
» sentir.

Dès que le prix de la mesure de grains
augmente en Suisse jusqu'à un certain
point, » doit-on, *poursuit l'Auteur*, per-
» mettre sa sortie ; tandis que l'Angleter-
» re, dont on veut imiter les principes ,
» la défend, lorsque le prix de cette même
» mesure y est même à un quart plus bas.
Et d'ailleurs il ne faut pas que pour gros-
sir les tréfors de quelques particuliers,
on prive ses Compatriotes d'une denrée
si nécessaire à leurs besoins.

Mais pourquoi ces particuliers ne
forment-ils pas des magasins ? » Les rai-
» fons en font claires, *dit M. S. E.* «:
celui qui court dans le commerce des
grains, après un profit considérable,
doit y employer une grosse somme, autrement il ne se verroit pas en état de

bâtir des magasins ; il n'en trouveroit pas à louer, chacun n'en ayant bâti que pour son propre besoin. Il rend cette réflexion plus sensible par le détail de ce qu'il en couteroit à ce Particulier commerçant en grains : & il fait présumer qu'il n'est guéres de personnes en Suisse, qui puissent, ou veuillent exécuter à leurs frais, ces établissements de magasins de réserve , tant par le défaut de facultés, que par la crainte de perdre le peu qu'ils y emploiroient.

Tout le monde sçait que le prix des grains s'est souvent soutenu pendant plusieurs années consécutives. Qui osera s'en munir, & risquer de les conserver aussi long-tems ? Les frais des déchets, les loyers, les intérêts de ses fonds, &c. s'accumulent & absorbent le peu de bénéfice qu'on pourroit en esperer. De-là l'impossibilité à des particuliers de former des magasins. » Ces établissements, » *dit l'Auteur,* sont réservés au Gouver- » nement.

A la seconde & troisiéme objection,

M. S. E. réplique qu'à Genêve, on est dans l'usage de se servir d'*étuve* à grains pour les conserver, & que cet usage y est très-avantageux. N'en peut-il pas être de même à Bernes ? Il n'y a donc plus rien à craindre sur la corruption du bled (*a*) ?

Quant à la quatriéme & derniere objection, l'*Auteur* trouve qu'elle mérite toute son attention.

Le haut prix du bled encourage le Laboureur, & au contraire, le bas prix le rebute : *M. S. E.* ne peut admettre ces deux principes sans restriction.

» Lorsque le labourage, *dit-il*, offre
» au Propriétaire d'une terre, une récol-
» te qui lui vaudra considérablement, le
» montant de ses dépenses de culture,
» &c. déduit, ce bénéfice futur l'excite
» à augmenter ses travaux. Lorsque le
» contraire semble devoir lui arriver, il
» perd courage.

(*a*) La Société a déja parlé de cette étuve, nous en rendrons compte par la suite, avec tout ce qu'elle promet également de publier à ce sujet.

Sur cet exposé, il soutient que le prix du bled peut être bas, & le Cultivateur faire un grand profit, & que si ce prix hausse, il peut au contraire le faire tomber dans l'état de pauvreté.

Pour démontrer ce qu'il vient d'avancer, il établit différents calculs pour un Pays où l'entrée des grains étrangers est défendue. » Il n'y a, *observe-t-il*, qu'une » moisson généralement abondante qui » puisse en faire tomber le prix.

On la dit abondante, lorsqu'elle excéde la moisson ordinaire d'un ½ ou ⅓; cependant l'Auteur ne détermine l'évaluation du prix du bled, que sur ce qu'il peut valoir lorsque cette moisson peut être à un quart de plus qu'à l'ordinaire. Il établit ensuite à combien pourroient monter par arpent, les frais de culture, &c. & ce que cet arpent peut produire de grains, toujours suivant la supposition de l'abondante moisson déterminée. Il en résulte 1°. que le bas prix du bled peut être avantageux au Laboureur, G

l'abondance est la cause de sa diminution ; & 2°. que ces Laboureurs ont tort
de se plaindre, lorsque le bled fixé à *tel*
prix, commence à baisser.

Quoique l'Auteur ait démontré l'a-
vantage que peut retirer le Cultivateur
de ces productions pendant une année
où une certaine abondance régneroit,
il avoue que s'il lui en succédoit plusieurs de médiocres, le Laboureur pourroit, avec juste raison, se récrier sur le
bas prix du bled, s'il demeuroit toujours à ce taux.

M. S. E. répéte le calcul précédent ;
il y suit la même proportion, & il a
égard au haussement du prix du bled
causé par les petites récoltes, il démontre que l'augmentation de ce prix est
toujours défavantageuse au Laboureur,
& que la diminution au contraire, ne lui
est pas préjudiciable.

Ce calcul étaye le systême de l'Auteur sur l'Agriculture. Il ne conseille
pas d'ensemencer en bled, une plus grande
étendue

étendue de terre ; il préfére de fertiliser
celles qu'on y employe déja.

Au premier cas, on multiplie les frais
& les travaux, & le produit n'est augmenté qu'en raison de cette plus grande
étendue. Au lieu que si on se contente
d'améliorer la même étendue de terrein
qu'on avoit coutume d'ensemencer, on
épargne la quantité de la semence, & en
augmentant ses peines & ses soins, on
peut se procurer des récoltes supérieures
à celles qu'on faisoit ordinairement (a).

L'Agriculture par-là se trouve dans
un état florissant, & le bas prix du bled
sera comme en Angleterre, une marque infaillible de l'abondance du Pays,
& de l'état heureux du Laboureur.

Les grains depuis 1646 jusqu'à 1689,
avoient été chers en Angleterre. Le besoin engagea les peuples de recourir à

______

(a) Nous sommes du sentiment de l'*Auteur*, & nous
disons avec *Columelle*, qu'il faut proportionner ses travaux à l'étendue du terrein ; autrement, la terre arra-
che en quelque sorte, la moitié de ses trésors des mains
de son possesseur ; donc un petit espace mieux cultivé,
remplit mieux ses espérances.

la France, on y puisa des soulagements: De 1689 à 1732, le bled a été à un prix médiocre, & même à un prix inférieur à celui des années précédentes. De 1732 à 1754, il fut encore plus bas que celui des 43 dernieres années : de là infere l'*Auteur*, il est notoire que plus le prix est allé en baissant en Angleterre, plus l'Agriculture s'y est élevée à un état de perfection, & plus les Laboureurs s'y sont enrichis : cette preuve étaye le sysrême de notre Auteur.

L'objection qu'on pourroit faire à M. S. E. en disant qu'il seroit à désirer que dans les années d'abondance, le bled restât encore à un haut prix, ou qu'il n'y eût point de superflu en grains, uniquement pour qu'ils demeurassent chers, ne lui paroît pas soutenable. Pour réfuter la premiere de ces objections, il expose qu'il est de l'intérêt d'un Etat, de sacrifier le bien particulier au général.

» Il faut se persuader, *pourfuit l'Au-* » *teur,* (*avant d'entrer en matiere,*) que

» ce général eſt ce qui compoſe la claſſe
» des Laboureurs, & que quelquefois la
» claſſe de ceux qui ſe trouvent dans le
» cas d'acheter leur bled, eſt auſſi nom-
» breuſe.

Ces principes étant développés, *M.S.E.*
établit que les artiſans, les manœuvres,
&c. dont le travail exige un ſalaire,
doivent être payés à raiſon du prix des
denrées. En ſuivant cette maxime, tous
ceux qui ne font pas valoir eux-mêmes
leurs terres, perdroient infiniment, ſi
les denrées étoient cheres.

En effet, on ſçait qu'une terre que
l'on fait valoir par des mains étrangeres,
ne rend pas beaucoup à ſon Propriétaire
quand les denrées font cheres ; l'augmentation des ſalaires n'en eſt pas la ſeule
cauſe. La fainéantiſe & le peu d'aſſiduité
des ouvriers mercenaires, y contribuent
beaucoup. En ſuppoſant même que ces
ouvriers fuſſent laborieux & aſſidus, ils
ne le ſeroient jamais tant, que ſi les
fonds leur appartenoient.

S'il s'est fait quelque amélioration dans la culture des terres, on en est redevable aux expériences & aux soins de personnes souvent très peu riches; mais bien intentionnées pour le bien public. Si ces vrais Patriotes se dépouilloient de leurs biens fonds en faveur des fermiers, &c. pour vivre tranquilles dans le sein des Villes, & y jouir des rentes qu'ils se feroient par ce moyen, l'Agriculture pour lors, recevroit un échec considérable, & tendroit à sa ruine.

L'*Auteur* démontre ensuite qu'il est de l'intérêt personnel de ne pas abandonner ses biens fonds, & voici ce qu'il dit à ce sujet.

Le Paysan, il est vrai, s'empresse à acheter des terres. Il ne s'attache pas aux spéculations, la satisfaction qu'il prévoit de jouir des richesses que promettent différentes récoltes, l'éblouira trop pour s'affecter d'autres réflexions. On croira beaucoup gagner en se créant des rentes; mais la joye de ces Rentiers ne fera pas de longue durée. Bientôt les triftes fuites de ce fyftême leur feront fentir leur erreur.

Leurs débiteurs s'endetteront, les uns pour avoir acheté trop cher, pour que le revenu du domaine puiffe payer la rente contractée ; d'autres pour avoir effuyé des pertes, des événements malheureux, ou enfin par défaut d'économie. Ce fonds fur lequel ces Payfans appuyoient leurs efpérances, & le Rentier affuroit fa rente, fe trouvera en proye aux Créanciers. Les fermiers judiciaires l'épuiferont. Le terrein fera détérioré; les créances non payées, & le Propriétaire comme le Rentier, dépouillés de leurs revenus. Delà il faudra néceffairement que les Laboureurs s'expatrient pour aller fe procurer par leurs travaux, un remede à leurs miferes. Le fainéant réduit à la mendicité, deviendra à charge à l'Etat. » La cherté des denrées , *infere* » l'*Auteur*, eft donc toujours préjudi- » ciable aux Particuliers, & peut les rui- » ner entiérement.   O iij

M. S. E. comme nous l'avons fait voir, a déja démontré l'erreur de ceux qui foutiennent qu'il eft avantageux pour un Etat de n'avoir jamais de fuperflu en grains, afin qu'ils foient toujours chers ; il a auffi prouvé que quoique la claffe des Laboureurs foit la plus nombreufe, il arrive auffi que celle qui eft obligée d'acheter du bled, eft quelquefois fupérieure en nombre (a). Il étaye ces deux principes par de nouvelles réflexions.

» On fçait à peu près, *dit-il*, par le » calcul précédemment fait, combien » un Payfan peut avoir de bleds à vendre » lors d'une récolte médiocre «. S'il veut retirer un certain revenu annuellement pour fatisfaire à fes befoins, & à ceux de fa famille, en fuivant le détail où l'Auteur entre, il eft néceffaire qu'il poffede en propre, un domaine de 4000 liv., &

. (a) Ce qui rend cette feconde claffe fi nombreufe, c'eft que fouvent les Laboureurs manquent de bled, & conféquemment doivent être compris dans le nombre de ceux qui en achettent. Voyez page 210 précédente.

qu'il foit affez heureux pour n'effuyer l'effet d'aucuns accidents, &c. dans fes récoltes.

Mais combien s'en trouve-t-il qui aient cette propriété de 4000 livres? il faut donc que ceux qui n'en poffedent que la moitié, fuppléent à ce défaut par leur induftrie.

Si ces Payfans ont un domaine d'une grande étendue, ils font ordinairement chargés de dettes, & par conféquent ils n'en font pas plus aifés.

L'Auteur rappelle ce que quelques Payfans avoient été contraints de faire les années précédentes, pour fubvenir à faire face à leurs créances. Ils vendoient leur bled fur pied, & enfuite ils étoient obligés d'acheter fort cher & à crédit, celui dont ils avoient befoin.

S'il arrive une année de difette, il ne fe trouvera pas affurément cinq perfonnes fur cent, en état de pouvoir vendre leur bled. A peine s'en trouverat-il dix fur ce même nombre, qui en auront fuffifamment pour leurs befoins ; tandis que quatre-vingt cinq peut-être fe trouveront dans le cas d'en acheter dès le printems, & de ces derniers il s'en trouve au moins cinquante qui labourent eux-mêmes, & qui fe trouvent dans la pofition de fupporter les effets des événements funeftes que nous venons de rapporter. Peut-on foutenir maintenant, que pour cinq perfonnes riches, & dont l'intérêt eft que le grain foit cher, il faille que 85 autres foient réduites prefqu'à la mendicité ?

L'on a vû que les Laboureurs compofent la plus grande partie du peuple d'un Etat. » Le Prince qui les gouverne, » *dit M. S. E.* « doit regarder leur bonheur, comme le principal objet de fes » foins ; mais fi les circonftances changent, que le nombre des acheteurs furpaffe celui des vendeurs (*les Laboureurs*) (*a*), il faut trouver un moyen pour fou-

____

(*a*) Voyez la Note de la page 214.

lager les uns & les autres : ce moyen eſt de former des magaſins, parce que le Prince doit avoir en vûe le bien général.

Les faveurs que le Gouvernement pourroit accorder aux acheteurs, feroient d'une exécution facile, il devroit faire bâtir des magaſins, les remplir dans un tems convenable, en prendre ſoin, & les ouvrir dans les tems de diſette. Il en feroit diſtribuer les grains à ſes Sujets à un prix raiſonnable. Il n'eſt pas auſſi facile de favoriſer les Vendeurs ou les Cultivateurs, quand ils ont du bled à vendre.

Il a été démontré que quand le prix du bled baiſſe, le Cultivateur gagne plutôt qu'il ne perd ; & ſi à cette année abondante qui fait baiſſer ce bled, il en ſuccéde de médiocres, le Cultivateur au contraire en ſouffre ; le prix demeure bas, & il n'a pas la même quantité de bled à vendre. Il eſt donc queſtion de rendre ces maximes ſenſibles.

Il faut ſuppoſer qu'un Payſan récolte

un fuperflu dans une année, & que cè fuperflu puiffe même s'étendre au moins fur deux années fuivantes.

Si une de ces années fuivantes la moiffon ne fournit que le néceffaire, il y a peu d'apparence du hauffement dans le prix du bled. Le fuperflu en queftion, ne pourra que maintenir l'abondance, & il en pourroit être de même d'une année pareille qui fuivroit celle-ci. Le Payfan ne feroit donc pas favorifé par le produit de ce fuperflu. Il ne feroit pas dédommagé par la valeur de cet excédent, du bas prix qu'il auroit fupporté.

L'Auteur attribue les caufes des plaintes du Payfan en tems d'abondance, à ce que le bled lui eft à charge, parce qu'il ne peut s'en procurer la vente à quelque prix que ce foit.

Cet événement eft, fuivant *M. S. E.* l'unique motif du relâchement dans la bonne culture, & il porte le Laboureur à laiffer une partie de fon terrein en friche ; ainfi une matiere affez importante pour que l'Etat y dirige fes vûes, eft celle de prévenir le défaut de débouchés des grains. En effet, *pourſuit l'Auteur,* ſi une année de diſette donne lieu à tant de maux en Suiſſe, lorſque toutes les terres ſont cultivées, quelles ſuites fâcheuſes n'auroit-on pas à craindre dans un pareil malheur, ſi une partie des terres devenoit inculte ?

Il ſe préſente un obſtacle au débouché des grains dans la Suiſſe, c'eſt l'abondance en bleds des Pays voiſins ; ils peuvent, comme on l'a déja avancé, ſe paſſer des grains de ce premier Etat. Puiſque cette Nation (*la Suiſſe*) contre le ſentiment de M. de *Mirabeau* (*a*), ne doit pas eſpérer le débouché de ſes grains ailleurs que chez elle, voici ce que *l'Auteur* conſeille au vendeur.

(*a*) Cet Auteur célébre avoit engagé la Suiſſe (***), à adopter le ſyſtême du libre commerce des grains. Il ſe fondoit ſur ce que les Provinces des Etats adjacents pouvoient lui procurer des débouchés, parce qu'elles manquoient de bled. Par tout ce qui vient d'être dit, *l'Auteur* trouve que M. de Mirabeau ſe trompe.

(***) C'eſt dans un Mémoire qu'il a adreſſé à la Société de Bernes, pour concourir au prix annoncé & propoſé pour 1759, *ſur l'Agriculture.*

Rien de plus sûr & de plus simple que l'établissement des magasins.

Le but des Vendeurs est sans doute de se défaire de leurs bleds, d'en retirer de l'argent, & d'ôter de l'idée du Cultivateur, le principe dangereux de laisser une partie de ses terres en friche. Ceci posé, si le prix de la mesure des bleds baissoit jusqu'à un certain point, les magasins recevroient alors le superflu de ceux qui sans gêne, désireroient l'y déposer. A cet effet il faudroit publier, que quiconque fourniroit, en quelque-tems que ce soit, du bled au grenier établi dans ses environs à un certain prix fixe, en recevroit comptant le produit. Le Vendeur à qui le prix des marchés paroîtroit trop bas, se garderoit bien d'y vendre son bled, il attendroit une époque plus favorable. Il seroit toujours sûr, à quelqu'instant que ce fût, & quelque besoin qu'il eût, de s'en défaire à ce prix au magasin.

S'il réfléchit ainsi sur la vente de ce bled, il en sera de même de ses travaux

de culture, il ne les négligera pas.
L'espoir de voir le bled plus cher l'année prochaine, fondera ses espérances,
sinon il a toujours la ressource que l'on
vient de citer. » Cet expédient remédie
» à tout, *dit l'Auteur*, & je n'en con-
» noîs point de plus efficace.

Ce n'est pas là le seul avantage que
peuvent procurer les magasins de réserve,
ils en présentent d'autres pour les acheteurs en tems de disette. Un approvisionnement suffisant sans payer le bled
trop cher, sans craindre une disette &
la sortie de l'argent du Pays, fonderoit
l'attente de l'Acheteur qui auroit besoin. La conservation des bleds, se feroit parfaitement & sans déchet, par le
moyen des étuves dont on a parlé. Le
Souverain ne se trouveroit plus dans le
cas de fournir de grosses sommes pour
pourvoir le Pays de bled. Ces avantages
éviteroient donc les inconvénients fu-
nestes qu'on a rapportés.

Il n'y auroit pas à craindre que cet

amas de grains donnât lieu à des monopoles ou à des *enchériffements* préjudiciables. Tous les magafins feroient toujours publics ; on acheteroit ce que les
vendeurs y porteroient d'eux-mêmes en
vûe de leur propre avantage. On démontre donc par-là l'utilité de ces magafins,
pour le bien du vendeur & de l'acheteur.
Que peut-on efperer de plus ?

L'*Auteur* prévoyant que certaines perfonnes qui adopteront l'établiffement de
ces magafins, feront d'avis de les remplir tout de fuite, quoique le bled foit
encore à un prix médiocre, confeille de
fe bien garder d'adopter ce fyftême. Il
tendroit au dépériffement de l'**Agriculture**, & deviendroit très-préjudiciable
aux acheteurs & aux Princes mêmes qui
établiroient ces magafins.

Un haut prix, dit-on, encourage le
Laboureur, & par conféquent la bonne
culture, & c'eft par ce principe que ces
perfonnes étayeront leur fyftême ; » mais
» fouvent, *dit l'Auteur*, ce qui actuelle-

» ment nous paroît un bien, peut nous
» caufer dans la fuite une perte irrépa-
» rable «. C'eſt ce qui ne manqueroit
pas d'arriver en fuivant ce dernier plan.
Il le prouve ainſi.

» Autre choſe eſt, *dit-il*, de vouloir
» ſe procurer une proviſion ſuffiſante
» aux beſoins de l'Etat, ou de for-
» mer un fyſtême complet fur la police
» des grains, relativement aux maga-
» ſins «. Celui qui ſent la néceſſité
de cette proviſion, doit néceſſairement
la faire, quand même le prix du bled ne
feroit pas extraordinairement bas. » La
» prudence ne veut pas qu'on ne s'atta-
» che qu'à ce qui eſt bon à tous égards,
» elle veut quelquefois qu'on choiſiſſe
» ce qui, tout compté, eſt préférable ».

Lorſque, tout conſideré, on voit qu'il
y a de l'avantage à remplir les magaſins,
quoique le bled ne ſoit pas au plus bas
prix, il faut faire ſes approviſionne-
ments. Par exemple, ſi les magaſins ſont
trop petits, ſi la difette ſe fait ſouvent

fentir, fi on fe trouve par-là réduit à épuifer le Pays d'argent en fe procurant des grains étrangers , & enfin fi, en cas de famine, on ne peut pas en tirer de l'Etranger , il faut non-feulement alors, & quoique le prix ne foit pas bien bas , faire les provifions de bled, & même encore les augmenter autant qu'il fera poffible. On doit obferver cependant la plus exacte précaution dans les achats, &c. ; mais lorfque les magafins ont une étendue fuffifante, pour que l'on foit à l'abri de ces événements , on ne doit les remplir de bled que quand il eft abondant & parvenu au plus bas prix. Qu'on ne s'imagine pas faire le profit en achetant fes denrées cheres , on donneroit lieu au contraire , aux fuites fâcheufes que l'*Auteur* veut prévenir pour le bien commun.

Au premier abord le Laboureur vendant fon bled un certain prix , s'appliquera davantage à fa culture. L'idée de s'enrichir dirigera fon but ; mais fi à ces

années ,

années, où il aura fait un certain gain
fur fes denrées, il en fuccéde d'autres
abondantes, il verra bientôt fes efpérances s'évanouir. Les magafins étant
remplis, il n'aura plus de débouché pour
fon bled. Trompé par une fauffe apparence, il négligera fa culture, & quit-
tera fa charrue. Alors la diminution des
productions donnera lieu à la cherté &
à la difette; & le Gouvernement ayant
acheté le bled cher, ne pourra favorifer
les acheteurs, qu'en perdant beaucoup
de fes avances (*a*).

L'*Auteur* fait la conclufion des heureufes fuites de fon fyftême en peu de
mots. » S'il eft fuivi, *dit-il*, le pain fera
» à un prix convenable, l'argent ne for-
» tira point du Pays, il y abondera au
» contraire. Le Laboureur ne fouffrira
» aucune perte; la culture & l'Etat de-
» viendront plus floriffants, & chaque
» particulier fe reffentira de cette féli-

(*a*) Ce dernier fyftême paroît plus foutenable que
le précédent.

» cité ; « enfin voilà le but pour lequel *M. S. E.* a écrit.

Il finit par engager les Citoyens qui, comme lui, reconnoîtront toute l'importance de cette matiere, à en faire une étude plus férieufe & plus étendue.

» Mon canevas, *dit-il*, ne pourra que » leur procurer des moyens d'étendre » leurs idées fur les miennes.

Nous continuerons dans le troifiéme Volume de cette Partie de notre Ouvrage, de rapporter ce que les Sociétés ont publié de nouveau relativement au *commerce des grains.*

ÉCLAIRCISSEMENTS
NÉCESSAIRES
DEMANDÉS SUR DES OBJETS
QUI INTERESSENT LE COMMERCE.

I.

Sur le systême d'exportation des Grains le plus favorable au rétablissement de l'Agriculture, de la Population, & de l'aisance des Peuples.

EN général on a reconnu l'utilité de donner à l'exportation des grains, la liberté dont jouissent presque tous les autres commerces ; mais la maniere d'accorder cette liberté a donné lieu à différents systêmes. Chacun dans son opinion a cru tendre plus directement au rétablissement de l'Agriculture, de la Population, de l'aisance des Peuples, & de la splendeur d'un Etat.

Les uns pensent que la sortie des grains doit être défendue, lorsque le

bled eſt monté au-deſſus de ſa valeur ordinaire, ou du prix qu'on fixeroit: ils croient
auſſi que dès qu'il baiſſe au-deſſous de
ce prix fixé pour ſon exportation, on
doit mettre une taxe ſur chaque meſure.
Nous avons rendu compte ci-devant (a)
de ce ſyſtême.

D'autres ſoutiennent le contraire : ils
veulent une exportation libre, conſtan-
te, & toujours protegée.

D'autres encore ſont d'avis que cette
exportation ne doit être entiere & abſolue, que relativement à la poſition du
Pays. (b). » Il faut la défendre, *diſent-*
» *ils*, ſi les Pays voiſins ſont abondants
» en bled, & la permettre s'ils ſont peu
» fertiles en cette denrée.

Les différentes Sociétés d'Agriculture
de ce Royaume, particuliérement celle
de Bretagne, & en Suiſſe celle de Ber-

_____

(a) Voyez page 160 de ce Vol.

(b) C'eſt le ſyſtême de l'Auteur du Mémoire qu'a
publié la Société de Bernes, & dont nous venons de
rapporter l'*Extrait.*

nes, font d'avis de permettre l'exportation en tout tems & fans reftriction (*a*).

D'autres enfin démontrent, comme
nous le foutenons auffi, qu'il convien-
droit d'adopter en quelque façon le fyftême Anglois : c'eft à-dire, que quand le fep-
tier de bled de Paris , pefant 240 l. poids
de marc , vaudroit 16 liv. 15 fols , &
dans les Ports du Royaume à proportion , on devroit alors permettre l'exportation ; & lorfque la mefure de grains feroit plus chere,on devroit la défendre par
la même loi qui permettroit cette exportation : par exemple , lorfqu'à *Dunkerque*
la *rafiere* (*b*) de grains (en la fuppofant
du poids de 120 l.) vaudroit 8 liv., la fortie en feroit défendue , & au contraire ,
lorfque ce prix feroit inférieur , elle feroit permife.

Il eft certain que lorfque le grain

(*a*) Nous avons rapporté précédemment le fentiment
de la Société de Bretagne , nous donnerons par la fuite
ce que les autres Sociétés ont publiés à cette occafion.

(*b*) C'eft une mefure du Pays , pefant ordinairement
245 liv. poids de marc , ou environ.

vaut 16 liv. 15 sols mesure de Paris , &c. il y a dans le Royaume une quantité excédente la consommation au moins d'un tiers ; on peut donc permettre alors la sortie. Si la récolte suivante même, n'étoit qu'au tiers, (ce qui n'arrive pas, comme le démontre le Patriote-Artesien, d'après un Mémoire présenté au Gouvernement, deux fois dans un siécle) il y auroit toujours de quoi suffire à l'approvisionnement national.

Avec une pareille loi , dès que la cherté du bled dans une Province en indiqueroit la rareté , on ne feroit pas obligé d'en défendre l'exportation ; il y abonderoit bientôt par l'importation des Provinces voisines qui n'auroient pas éprouvé le même fort.

Ce dernier fystême nous paroît le mieux fondé ; nous ne nous flattons cependant pas de le faire approuver de tout le monde ; mais les éclaircissements que nous demandons pour cet objet important , ne peuvent qu'être une source de lumieres pour les différents Gouvernements, &c. : c'eſt ce qui nous engage à expoſer ici nos réflexions:

I I.

Sur les moyens de faire le commerce à la côte de S. Domingue, avec bien moins de dépenſe qu'à l'accoutumée.

La guerre avoit interrompu notre commerce des Colonies ; une heureuſe Paix vient de rouvrir cette carriere lucrative. Dans ces circonſtances favorables, quelques Négociants de différents Ports du Royaume jugeant que le commerce le plus avantageux, eſt celui que l'on fait à la côte de S. Domingue, malgré les fraix immenſes qui en font inſéparables, ont imaginé un moyen de diminuer les fraix de voyage, & d'en rendre les profits plus grands. Ils nous ont en conſéquence invité de faire part de leur projet au Public.

Il s'agit de rendre les voyages beaucoup plus courts (*a*), & conséquemment moins dispendieux : au lieu de quinze mois qu'employe un Vaisseau pour aller à la côte de S. Domingue, & en revenir, ils démontrent qu'il peut n'en employer que neuf.

Cette diminution de six mois d'entretien & de gages à l'équipage du Navire, forme un objet considérable, & pour les Armateurs, pour les Actionnaires & autres.

Il y aura moins d'avances à faire & de risques à courir pour les premiers, & les marchandises tant d'importation, que

______

(*a*) Ces voyages sont ordinairement de 14 ou 15 mois. Une partie de ce tems est employé en séjours dans les différents Ports de l'Amérique. La raison qui rend ces séjours si longs, & conséquemment si couteux, est qu'il ne se trouve aucune maison de Commerce à laquelle les Capitaines de Vaisseaux puissent confier le recouvrement des crédits qu'ils sont obligés de faire; & d'un autre côté, qu'il n'y a point de Négociants dans ces Ports qui puissent à l'arrivée de ces Vaisseaux, acheter leur Cargaison entiere, & les charger pour le retour. Les Armateurs sont donc obligés de s'adresser aux Propriétaires des terres, & de faire avec eux le commerce d'échange par petites parties, ce qui leur fait perdre un tems considérable, & leur fait essuyer souvent beaucoup de perte.

d'exportation, reviendroient à meilleur compte pour les derniers.

Il y a plus, on pourroit, en suivant leur syftême, faire quelquefois deux voyages dans le même-tems qu'on employe pour en faire un feul, par la méthode actuellement en ufage.

Pour parvenir à ce but, ces Négociants confeillent d'armer pour l'Amérique 4 Navires de trois cents tonneaux chacun ; ces Vaiffeaux partiroient & reviendroient fucceffivement. Ceux qui les monteroient, agiroient & travailleroient de concert. Ils fe remettroient mutuellement les uns aux autres, les marchandifes non vendues, & les crédits à recevoir dans l'Amérique ; par cet accord réciproque, on éviteroit un féjour de cinq à fix mois à la Côte de S. Domingue, & quelquefois plus. Ces retards, comme on l'a obfervé déja, font la caufe d'une perte de tems confidérable, ils rendent ces armements très-difpendieux, diminuent les profits du Commerçant, & le décourage pour de nouvelles entreprises.

Les Négociants donnent ensuite le détail de la marche des quatre Vaisseaux.

A l'expiration de chaque trois mois, un des quatre Navires partira des Ports de France, & ils continueront ainsi alternativement de trois mois en trois mois. Il en sera de même pour leur départ de l'Amérique.

Le Capitaine du Navire parti de France trois mois après le premier, étant arrivé à la Côte de S. Dominique, se chargera de suivre la vente de la cargaison de son devancier, conjointement avec la sienne. Le Capitaine du Vaisseau premier arrivé, étant ainsi déchargé, ne devra plus s'occuper que du recouvrement des dettes les plus certaines, dont les payements paroîtront les plus voisins, & d'achever sa cargaison en retour. Le comptant de la vente des marchandises que le second Capitaine pourra faire pendant ce délai, servira au premier, pour se procurer le complet de son chargement pour l'Europe. Cette opération finie, ce dernier remettra quelque-tems après à son successeur, les crédits qu'il ne pourra· recouvrer ; après avoir fini sa cargaison de retour, il mettra à la voile pour cette partie du monde (*l'Europe*).

Le Vaisseau qui partira de France trois mois après le second, à son arrivée à l'Amérique opérera de même ; le quatriéme dirigera également ses opérations. Cette circulation étant entretenue de bonne foi, comme les Négociants le supposent, & chaque Capitaine rapportant des états & des reconnoissances pour être à la charge ou décharge, soit du Vaisseau qui l'a précedé en Amérique, soit de celui qui lui a succedé, il y a tout lieu d'en esperer le succès le plus heureux.

Il résulte de ce détail où nous venons d'entrer, que les Navires ne resteront tout au plus que neuf mois dans leur voyage : un mois & demi pour se rendre à l'Amérique : 5 mois & demi pour y faire le séjour nécessaire pour la vente des marchandises, les recouvrements & le chargement de retour, & deux mois pour retourner en France ; enfin le Vaisseau arrivé dans nos Ports, aura encore trois mois pour décharger, recharger, &c.

Par ce moyen, des quatre Vaisseaux, il y en aura toujours deux qui séjourneront en Amérique.

Ces Négociants estiment, d'après les spéculations les plus scrupuleuses, que les différents délais que nous venons d'indiquer, sont plus que suffisants pour effectuer toutes les opérations ci-devant décrites.

Pour rendre la combinaison de ces voyages plus sensible, ces Armateurs nous ont adressés le Tableau suivant.

Départ de France.	Arrivée à l'Amérique.	Départ de l'Amérique.	Arrivée en France.	Second départ de France.	Séjour ensemble de deux navires à l'Amérique
1er Janv.	15 Févr.	1er Août	1er Oct.	1er Janv.	
1er Avril	15 Mai.	1er Nov.	1er Janv.	1er Avril	15 Mai au 1er Août.
1er Juil.	15 Août.	1er Fév.	1er Avril	1er Juil.	15 Août an 1er Nov.
1er Oct.	15 Nov.	1er Mai.	1er Juil.	1er Oct.	15 Nov. au 1er Février.

Tel est le plan proposé aux Commerçants des différents Ports de la France. Les Auteurs de ce syftême fe défiant de leurs propres lumiéres, recevront avec plaifir les confeils & les réflexions des gens expérimentés dans ce commerce. Nos Lecteurs pourront leur faire paffer par notre voie, leurs objections, ou leur approbation. Nous nous chargeons de communiquer les idées des Commerçants au Public. Cette méthode l'éclairera fur toutes fortes d'entreprifes , & rendra les bonnes plus avantageufes à l'Etat , & au Citoyen.

DÉTERMINATION

de la contenance de la mefure Angloife-fuperficielle-terreftre , pour faire connoître fon rapport avec les différentes mefures de France.

A l'invitation de plufieurs Citoyens , nous avons rapporté (*a*) la contenance de la mefure dont on fe fert à Paris , pour déterminer l'étendue de la fuperficie d'un terrein. Cette connoiffance fert à faire voir le rapport qu'il y a entre cette mefure & celles dont on fe fert dans le refte du Royaume. Elle fert auffi à faire une jufte application des confeils & des préceptes donnés dans les livres d'Agriculture , pour proportionner les engrais & les travaux à l'ef-

______

(*a*) *Voyez page* 150 *de notre Corps d'Obfervation , premier Vol.*

pace de terre qu'on veut fertiliser : ceux qui lisent les Traductions Angloises, qui concernent la culture des terres, ont aussi paru désirer la détermination des mesures indiquées dans ces ouvrages : c'est ce qui nous a engagé à prendre des renseignements à Londres à ce sujet, & nous les rapportons ici, tels que notre Correspondant nous les a fait passer.

La mesure Angloise-superficielle-terrestre la plus usitée, & dont il est parlé dans les différents ouvrages qu'on tire de ce Royaume, est l'*acre*.

Suivant la Loi d'Edouart Ier, cette mesure contient 40 *perches françoises* de long, sur 4 de large : ce qui fait 160 *perches quarrées angloises*, ou 4 *roods*, ou 4840 *verges angloises*, ou de 43560 *pieds-quarrés anglois*, ou 36602 *pieds & demi de Roi*, mesure de France (a).

____

(a) *Voyez page* 149 *premier Vol. de notre Corps d'Observation.* On y explique ce que contient le pied de Roi en France.

L'acre Anglois est donc environ de la contenance des ¼ de nos arpents royaux, qui font de 48400 pieds de Roi.

La perche quarrée angloiſe appellée *rod*, contient 272 pieds-quarrés & un quart, & 40 *rods* forment un *rood*.

Le *rood* contient 10890 pieds-quarrés, & la verge quarrée angloiſe appellée *yard*, contient neuf pieds quarrés.

Le pied quarré Anglois eſt de 11 pouces de Roi, meſure de France.

SOCIÉTÉ DE DUBLIN,

ARTS ET MÉTIERS.

Nous continuons l'extrait des Feuil-les que la Société de Dublin a publiées sur la bonne préparation du lin ; les bor-nes que nous nous sommes prescrites , nous avoient forcés de le discontinuer précédemment (*a*).

La *Société* démontre quelles sont les quantité & qualité de lin que l'apprêteur Hollandois, qu'on nous propose toujours pour modéle, *broye* & *espade* dans un jour, & quelles seroient les conséquences de la même industrie en Irlande : c'est ce qui est rapporté dans la Feuille dont nous allons faire une analyse succinte.

____

(*a*) Voyez page 238 premier Volume de notre Corps d'Observation.

Feuille du Mardi 6 Décembre 1736.

Art de l'eſpadeur & broyeur de lin, ou de celui qui briſe la chenevote ou chalumeau de la plante.

M. R. M. entre dans le détail des opérations qui doivent s'exécuter dans le lieu où il veut qu'on place les perſonnes occupées à ſpader & à broyer le lin : les dimenſions ordinairement uſitées, & qu'il indique, pouvant ſouvent n'être pas convenables, » il faut donc, *dit-il,* donner à » cet emplacement une largeur plus éten» due ; mais rarement moindre que celle » que j'ai déterminée « (*a*). C'eſt dans le bout de cet emplacement que doit être conſtruit le *halloir* dont nous avons parlé. (*b*) Cet endroit doit être bien éclairé & diſpoſé de façon que les broyeurs & les eſpadeurs y puiſſent opérer à l'aiſe.

Lorſque le lin eſt chaud, le broyeur le tire du halloir, la chenevotte alors ſe caſſant plus facilement, il ſe broye de

______

(*a*) Voyez page 237 premier Vol. de notre Corps d'Obſervations.

(*b*) Voyez encore page 236 premier Volume de notre Corps d'Obſervations.

même, & conséquemment à beaucoup moins de frais, & plus avantageusement à d'autres égards.

Plus le lin se refroidit, plus il devient dur ; on évite donc par-là la peine de le broyer fort long-tems ; voilà l'opération la moins dispendieuse & la moins pénible ; la violence des coups que le lin reçoit, & qui lui sont nécessaires, lorsqu'il est froid, le rompent & lui donnent pour lors beaucoup d'étoupes.

L'*Auteur* conseille donc à l'apprêteur, lorsqu'il s'appercevra du refroidissement de son lin : c'est-à-dire, lorsqu'il sera devenu peu cassant, de le déposer en quelque lieu pour le remettre au four ; mais les dimensions qu'il conseille pour la construction du halloir, dispensent de cette opération : les ouvriers n'en font sécher dans ceux qu'il a conseillés, que la quantité nécessaire, la nuit précédente ; la chenevotte par ce moyen, est toujours cassante. Des coups légers & en petite quantité, suffisent pour la broyer

& la faire tomber ; la filaſſe reſte pour lors ſaine & ſauve. Elle eſt même dans toute ſa force, & n'a aucune altération dans ſes filaments les plus déliés.

Si les Hollandois ſont dans l'uſage de prendre le double d'ouvriers dont on ſe munit ailleurs communément, pour cette opération du *broyement*, ils ſont dédommagés de leur dépenſe par les avantages qu'ils retirent d'une bonne fabrication. Il eſt d'uſage en Hollande de ne tirer du halloir, qu'une poignée de lin à la fois : de cette maniere, il a toujours la chaleur convenable pour être broyé : au lieu qu'en Irlande, l'on broye deux paquets à la fois. On ſçait combien, en épargnant le tems & le travail, on fait de bénéfice.

M. R. M. rend ſenſible la différence qui ſe trouve dans la bonne préparation du lin en ſuivant la méthode Hollandoiſe de préférence à celle de l'Irlande, & fait voir les avantages qui réſultent d'un travail plus fructueux & moins pénible.

Il entre ensuite dans le détail de ce qu'on paye par jour au broyeur & spadeur, pour broyer & spader une livre de lin, & il fait remarquer qu'il est plus avantageux de payer les ouvriers à la livre qu'à la journée. cette méthode les excite au travail par l'appas d'un salaire plus considérable. Ils en broyent quelquefois plus de 20 livres dans un jour.

Il entre dans les mêmes détails, sur ce qui se pratique en Irlande, & il démontre que l'espadeur Irlandois n'en broye au contraire, que huit livres par jour : d'où il conclud que la quantité d'ouvrage fait en Hollande & en Irlande, par le même nombre d'ouvriers & dans le même tems, est dans une disproportion très-considérable ; donc la majeure partie du tems des apprêteurs Irlandois, est entiérement perdue, & mal employée : par conséquent augmentation de dépense qu'on peut éviter en mnltipliant le nombre d'ouvriers, & en se

muniſſant d'un attelier d'une grandeur &
d'une commodité convenables.

L'*Auteur* paſſe au détail de ce que
le journalier Irlandois peut dépenſer par
jour, il lui fixe un ſalaire ſuffiſant à
cette dépenſe. Il donne également un
tableau de ce que peut conſommer l'ouvrier Hollandois qui eſt du double, & il
indique d'où ce dernier tire cet excédent, pour pourvoir à ſes beſoins, en
faiſant le même travail ; il l'attribue aux
commodités qu'il ſe procure dans toutes
ſes opérations ; ce ſont, en effet, autant
d'épargnes.

L'*Auteur* eſpere voir les Irlandois par
la ſuite jouir de ces commodités : il
croit qu'il leur en coutera moitié moins,
& pour ſpader, & pour broyer ; les cho-
ſes par conſéquent ſe trouveront dans
ce Royaume auſſi avantageuſes qu'en
Hollande, & la Manufacture de lin en
Irlande, ſurpaſſera celle de Hollande,
qu'il dit chancelante.

Au ſoutien de ces faits, *M. R. M.*
fait différentes ſuppoſitions. Il calcule

ce que les halleurs & fpadeurs Irlandois, & les autres apprêteurs de lin pourront exiger de falaires pour leur travail, & il fait voir que ce falaire peut fuffire à leurs befoins. D'après ces fuppofitions, il foutient que les toiles de l'Irlande reviendront à meilleur marché qu'aucunes de celles fabriquées chez d'autres Nations.

Il veut que les trois quarts du prix des toiles Irlandoifes foient pour la main-d'œuvre feulement, & de-là il infere que les Fabriquants, avec la moitié des gages qu'on paye en Hollande, auront un bénéfice honnête. » Lorfque les Hollan-» dois, *dit-il*, feront contraints à cette » diminution fur leur fabrication, ils ne » pourront point affurément, foutenir la » concurrence «.

Il ne garantit pas la jufteffe de fon calcul, il fçait l'impoffibilité de déterminer la partie du prix qu'il faut employer pour l'achat des matieres, & celle qui appartient à la main-d'œuvre ; mais il est assuré que son estimation est de beaucoup trop foible par rapport aux toiles fines. Il fixe à un certain taux la proportion qui peut se trouver entre la valeur des matiéres dans leur état naturel, & celle qu'elles ont étant fabriquées, & de-là il prétend que son estimation est appuyée solidement. Avec un peu d'économie & d'industrie, il compte que les Irlandois pourront vendre à beaucoup meilleur marché que les Hollandois.

L'*Auteur* démontre que ce n'est pas seulement en y employant mal la force & le travail, que la main-d'œuvre est si chere en Irlande, la perte que l'on y fait faute de sécher parfaitement le lin, l'occasionne en plus grande partie.

» Il faut, *dit-il*, donner des coups les
» plus forts, & il faut les répéter pour
» rompre la filasse convenablement
» (Broyer). On affoiblit cette mar-
» chandise, on en diminue la longueur,
» qui est une de ses qualités la plus re-
» cherchée.

En effet, en broyant comme l'on eſt en uſage de le faire en Irlande, on applique la force en travers ; & quand la force eſt trop grande, on coupe infailliblement les fils, ou la filaſſe, ou du moins on les affoiblit beaucoup. Ces fils de lins ſe rompent alors facilement dans les peignes lorſqu'on les *ſeranchent*, & ils tombent en étoupes.

» On ne ſçauroit *dit-il*, apprécier le » dommage qu'on cauſe à cette filaſſe ; » mais je ſuis certain qu'il y en a une » quatriéme partie en étoupes de plus » qu'en Hollande «.

Cette fixation ſuppoſée juſte, il eſt conſtant que cette mauvaiſe manœuvre ne peut qu'augmenter les dépenſes en Irlande, pour préparer le lin. » Si on » peut les éviter, pourquoi ne pas le » faire, *dit l'Auteur*, on diminueroit par- » là le prix des toiles qui en ſont fabri- » quées, ſans diminuer le bénéfice du » Fabriquant «. Au contraire, ſes étof- fes n'en étant que meilleures, il bénéficieroit davantage fur la vente. Une petite dépenfe, (*la conftruction d'un halloir*) & un meilleur *broyement*, pourroit donc augmenter la qualité de la filaffe tirée de la quantité ordinaire de lin.

M. R. M. finit fes réflexions par une récapitulation de tout ce que nous venons de rapporter.

On perd en Irlande, par la mauvaife application du travail, trois parties fur cinq de l'induftrie de l'apprêteur. On perd prefque un dixiéme de lin qui fe tourne en étoupes, & cependant l'Irlande foutient malgré cela, la concurrence des Hollandois dans ce commerce.

L'Auteur paffe à la conféquence qu'on doit naturellement en tirer. Le plus grand bénéfice qui réfultera, en remédiant à l'un & à l'autre des inconvénients qu'on vient de citer, pourra animer les apprêteurs Irlandois, & les Hollandois feront forcés néceffairement de quitter leur commerce de toiles ; » il leur » feroit impoffible d'y gagner, *pourfuit*

» *M. R. M.* dès qu'on auroit appris en
» Irlande à profiter des avantages qu'il
» a expofé.

Feuille du Mardi 13 *Décembre fuivant.*

M. R. M. continuant toujours fon difcours, fur ce qui peut donner des lumiéres fur l'art du broyeur & de l'efpadeur, fait la defcription de l'inftrument dont on fe fert en Irlande pour broyer le lin. Il le trouve différer fort peu de celui ufité en Hollande ; cependant comme il peut fe recontrer quelque différence dans la conftruction, & dans la maniere de s'en fervir, il en donne la defcription, & enfeigne la méthode de s'en fervir pour broyer.

La broye Hollandoife (*a*) eft compofée de deux parties principales, l'une A eft fixe, & l'autre B au contraire eft mobile : ces deux parties font cependant fem-

---

(*a*) Pour faciliter la conftruction de cet Inftrument inconnu encore en France dans bien des Provinces, nous en rapportons le deffein à la Planche premiere placée à la fin de ce Vol. fig. C.

blables prefqu'en tout point.

On les forme ordinairement de trois planches de bois de *hêtre*, elles font fort minces, enchâffées fuivant leur longueur, & à de petites diftances les unes des autres, dans de fortes piéces de bois. La partie fupérieure qui eft mobile, eft difpofée de maniere que les coûteaux ou dents entrent dans les intervales qui féparent les coûteaux ou dents de la partie fixe, qui eft l'inférieure.

Cette derniere partie eft foutenue par quatre pieds très-folides (a) D, & d'une hauteur convenable; & la fupérieure a un manche par le moyen duquel on l'éléve ou on l'abaiffe.

Ce mouvement alternatif fait que la tige du lin qui fe trouve placé entre les coûteaux, fe broye. Elle y eft preffée avec force par le poids & l'action du levier contre les coûteaux. Elle fe trouve ferrée entre les intervales qui les féparent, & elle eft

____

(a) *Voyez la figure* fur la Planche premiere placée à la fin de ce Volume.

divisée & disposée de façon que la filasse se détache ensuite très-facilement de la chenevote par l'effet de l'espade.

Les intervales entre les coûteaux de la broye, comme l'on peut le sentir, ne doivent pas excéder l'épaisseur de la tige du lin ; autrement le lin, bien loin d'être pressé & divisé entre les coûteaux, ne seroit que froissé par leurs bords, & coupé en travers. Cet inconvénient arrive souvent en se servant de mauvaises broyes, (*a*) ou quand les broyeurs sont mal-à-droits.

Le même effet seroit encore à craindre, si les coûteaux s'engageoient trop avant les uns dans les autres, le lin se trouvant par-là plié & enfoncé dans les intervales, résisteroit au tranchant avec trop de force, & en recevroit infailliblement un dommage des plus considérable.

Pour y remédier & former une broye

____

(*a*) Des broyes dont les coûteaux sont trop éloignés.

convenable, on place dans cet inſtru-ment, la piéce de bois C (*a*) preſque de niveau avec les bords des coûteaux ; de cette façon elle empêche les coûteaux de deſcendre trop bas dans la piéce in-férieure. Elle porte ſur la piece K.

Telle doit être la conſtruction d'une broye bien proportionnée, il s'agit main-tenant de ſon uſage.

Il faut définir ce que c'eſt que l'opé-ration du broyement du lin, pour bien entendre ce dont l'Auteur va traiter.

» Broyer le lin , *dit M. R. M.* c'eſt » proprement diviſer la filaſſe , afin d'en » détacher la chenevotte.

L'Auteur obſerve que ce n'eſt pas le coup qui broye le lin , ordinairement il l'endommage plus ou moins. Lorſqu'il eſt trop fort ou trop roide ; c'eſt-à-dire, lorſque la tige ne plie pas ſur le champ, le coup de la partie ſupérieure de la broye doit néceſſairement la couper : ce

____

(*a*) Voyez ci-devant p. 253. à la Note.

fait eſt démonrré par l'expérience. Lorſqu'on étend une poignée de lin ſec ſur
les coûteaux, & qu'on la ſerre fortement, après deux ou trois coups vifs,
avec le deſſus de la broye, le lin ſe
rompt facilement; ce qui n'arrive pas par
l'effet de la preſſion de la poignée de lin
entre les coûteaux, c'eſt alors au contraire, que le lin eſt diviſé en filaſſe,
comme il doit l'être. Il ne faut donc
que le ſerrer le plus fortement poſſible,
ſans ſecouſſes & ſans élever trop haut,
la partie ſupérieure de la broye. On évite
par-là, les effets funeſtes des coups trop
violents.

Cette précaution eſt négligée par bien
des broyeurs. Les Hollandois ne ſont
pas de ce nombre. Ils placent fort
bien la poignée de lin ſur les coûteaux;
ils la preſſent dans la broye, & ne donnent que des coups légers.

M. R. M. pour prouver (*a*) ce qu'il

─────────

(*a*) Voyez la figure C ſur la Planche premiere placée
à la fin de ce Vol.

avance, démontre, fuivant les loix de la méchanique, que la mâchoire fupérieure de la broye doit agir avec beaucoup plus de vîteffe & avec beaucoup plus de violence fur la partie de la broye que nous défignons fous la lettre E, que fur celle marquée par la lettre F; que le coup y eft plus fort, & qu'il peut par conféquent rompre ou çouper le lin : d'un autre côté, cette preffion eft moindre vis-à-vis de la lettre E, elle y finit avec le coup, & elle ne peut être augmentée ni diminuée : de là il réfulte, fuivant l'Auteur, que quand le lin eft placé dans la broye vis-à-vis de la lettre E, fuivant l'ufage de l'Irlande, l'opération eft défavantageufe. Les coups multipliés fans ceffe rompent, caffent ou coupent néceffairement la filaffe & elle ne peut fe féparer de la chenevotte.

Il n'en eft pas de même lorfque le lin fe trouve placé vis-à-vis de la lettre F, la lenteur & la foibleffe du coup que

cette

cette difposition rend moins violent, font plus convenables. Alors la preffion eft auffi forte qu'il eft néceffaire pour en rendre l'effet fruꞔtueux. En fuivant cette méthode, on fe conforme à l'ufage des Hollandois, ils placent leur lin vis à-vis la partie F, ils élévent la mâchoire de leur broye avec la main gauche vis-à-vis la partie G, & le lin eft placé, & retourné fous la broye auffi près qu'il eft poffible du centre de fon mouvement vis à-vis H.

L'Auteur approuve cette pratique. Elle paroît en effet très-bonne. Il femble être perfuadé que la feule raifon qui empêche les Irlandois d'adopter cette méthode, eft la crainte qu'elle ne foit trop pénible ou trop difpendieufe.

Par le détail qu'il fait enfuite, & du tems & des travaux que les Hollandois employent pour cette opération, il démontre par le même calcul fait fur le travail des Irlandois, que ces derniers perdent beaucoup de tems & de peine.

» Il n'est besoin, *ajoute-t-il*, que de
» trois ou quatre coups sur chaque poi-
» gnée qu'on place sur la broye, & la
» pression doit être lente & continuelle.

L'Auteur finit cette Feuille par con-
seiller de former des broyes beaucoup
plus grandes. Il les exige longues, &
que la partie supérieure soit pésante. » Par
» ce moyen, *dit-il*, on broye de plus
» grosses poignées à la fois, & on fait
» par conséquent plus d'ouvrage.

Feuille du Mardi 20 Décembre suivant.

Art de l'espadeur ou celui qui détache la filasse de la chenevote qui est broyée.

M. R. M. passe maintenant à l'art de
l'*espadeur*; & il propose également dans
cet art, de nouvelles opérations plus
fructueuses que celles qui font en usage.

» Lorsque le lin, *dit-il*, est suffisam-
» ment divisé par le broyeur, il est fa-
» cile de détacher la chenevotte ou
» le chalumeau de cette plante «. Toute
l'opération ne consiste qu'à bien battre
chaque poignée de filasse du haut en bas,

& fuivant fa longueur. On enléve & on fait facilement tomber ainfi toute cette chenevotte brifée , par la preffion de la broye.

L'*Auteur* entre maintenant dans le dé-tail des précautions que l'on doit pren-dre , & des fautes que l'on doit éviter en fuivant la méthode Irlandoife d'ef-pader.

Pour rendre fes réfléxions plus fenfi-bles, il rappelle les obfervations déja faites fur l'attention qu'on doit avoir en exécutant toutes les opérations relatives aux apprêts de la filaffe du lin. Il conti-nue de faire remarquer toute l'impor-tance de garantir cette filaffe de tout coup violent en fon travers, afin de pouvoir la conferver dans toute fa lon-gueur.

Il prévoit qu'il eft affez difficile d'é-viter parfaitement ces ruptures ; » mais » du moins on peut, *ajoute-t-il* , en dimi-» nuer le plus grand nombre, ce qui eft

» un point d'économie très - avantageux.

Il eſt d'uſage en Irlande de poſer le lin broyé ſur une planche. Pour ce travail, l'eſpadeur eſt armé d'une autre petite planche de bois, plate, oblongue, aſſez mince, & très-étroite, ayant des bords droits & un manche rond. Cet inſtrument eſt vulgairement appellé *ſabre*.

L'*Auteur* trouve que cette méthode donne lieu à une multitude d'inconvénients.

1°. La forme de l'eſpade n'eſt pas convenable ; elle ne peut qu'arracher les filaments du lin. La poignée de filaſſe broyée qu'on ſuſpend ſur la planche, s'étend inégalement ; les brins ſont ſerrés & nombreux vers le milieu, & vers les côtés ils ſont diſperſés & en très-petit nombre. Les différentes parties de la même poignée ſont donc d'inégale grandeur & ſans force ; celles du centre ré-

fifteront facilement à un coup qui rom-
proit les fils écartés vers les côtés.
Néanmoins l'efpade ufitée qui eft, comme nous l'avons dit, quarrée ou oblongue, frappe avec la même force fur chaque partie. Il réfulte que chaque coup
de fabre rompt les filaments difperfés ou
féparés qu'il rencontre; & comme ils
font toujours remplacés par d'autres,
le coup fuivant les caffe fucceffivement
jufqu'à ce que toute l'opération foit
finie.

   » Cet inconvénient, dit *M. R. M.* eft
» affez grand pour qu'on mette tous fes
» foins à y remédier «. Cependant ce
n'eft pas-là tout. Le bord droit du fabre
ou de l'efpade, gliffe légérement & bien
vîte fur la filaffe du lin broyée : à l'extrémité il fe fait un amas des fils rompus
ou coupés. Ces fils s'entortillent autour
de l'efpade qui eft étroite; ils réfiftent
pour lors au coup, & ne cédent qu'en
fe rompant.

R iij

L'Auteur en rapporte 'la preuve : » qu'on prenne, *dit-il*, une poignée de » chenevotte qui sera tombée aux pieds » de l'espadeur, & qu'on l'examine, on » la trouvera remplie de quantité de fils » rompus.

Cette rupture peut être attribuée, suivant *M. R. M.* non-seulement à la violence que les espadeurs Irlandois mettent en usage pour espader, & aux coups qui tombent de tems en tems sur la planche sur laquelle on place la filasse broyée, & qui rompent cette filasse entre les deux bords ; mais encore la plus grande destruction de la filasse provient de la cause indiquée précédemment, & de la mauvaise forme des espades.

L'Auteur décrit les instruments Hollandois ; ils diffèrent considérablement de ceux de l'Irlande. Il trouve les premiers bien meilleurs. Il en donne les desseins (*a*).

______

(*a*) Nous les rapportons planche première, fig. D & E, placée à la fin de ce Vol.

La planche fur laquelle on efpade, eft une planche fort mince. Elle a une large échancrure ou *entaille* dans un de fes côtés. Cette planche eft dreffée fur un chaffis d'une certaine force pour pouvoir la maintenir droite, élevée & fixe. La filaffe broyée fe place dans cette entaille : de cette façon l'efpade qu'il décrit plus bas, ne peut tomber fur la filaffe qui fe trouveroit avoir de la réfiftance, & qui pourroit facilement, par cette raifon, fe couper. Il ne fe trouve qu'une partie de la filaffe broyée, qui dépaffe la planche, & on n'avance le refte qu'à mefure que l'efpade fait fon opération, (*d'enlever la chenevotte.*)

La planche dirige le coup de l'efpadeur, la main gauche qui foutient la poignée de lin, eft à l'abri des coups de l'efpade, & l'ouvrage fe peut même faire par une perfonne affife.

La forme & la largeur de cette efpade font bien différentes de celles dont on

R iv

ſe ſert en Irlande. Celle de Hollande eſt preſque circulaire ; elle a environ 18 pouces de diamétre (*a*). Elle eſt plate, un peu épaiſſe au centre, en diminuant d'épaiſſeur ſur les bords ; on la forme ordinairement de bois de *hêtre*, ainſi que la planche ſur laquelle on eſpade.

Toute la force de cet inſtrument porte ſur la partie de la filaſſe, & ne peut l'endommager. La partie la plus épaiſſe de la poignée que tient l'eſpadeur, ne peut ſouffrir le moindre échec.

En effet, l'eſpadeur tenant ſon eſpade de la main droite par le manche marqué de la lettre A, qui eſt rond, fait tomber toute la violence du coup de cet inſtru‑ ment ſur l'endroit B ou C, & elle opere ſur le milieu même de la poignée qui eſt plus fort.

L'*Auteur* obſerve que l'eſpadeur Hol‑

(*a*) Voyez-en la forme planche 1ere, fig. E, à la fin de ce Volume.

landois ne donne que des coups légers sur la filasse lors de cette opération. Ils sont aussi modérés sur cet objet, que sur la broye ; on voit donc par-là que la méthode différente pratiquée par les Irlandois, est la source des inconvénients que nous avons décrits.

Par l'opération douce que conseille *M. R. M.* les fils séparés & dispersés vers les côtés, ne sont pas tendus ; ils se contournent très-lentement autour des bords de l'espade, & ils retombent ensuite sans souffrir le moindre dommage.

Les bouts de la filasse ne peuvent pas non plus s'entortiller autour de l'espade : sa forme & sa grandeur les repousse. Ces fils rencontrant en s'élevant, l'espade dans toute sa largeur, ne peuvent s'y attacher ; ils retombent nécessairement dans toute l'étendue de leur longueur.

M. R. M. finit de parler de l'art de l'espadeur, appellé en quelques endroits, *art du pisseleur*, par le détail des opérations de celui qui nettoye la graine qui a été égrugée ; nous en rapporterions ici l'analyse, si les bornes que nous nous sommes prescrites pouvoient le permettre. Nous en traiterons dans le Volume suivant.

ECLAIRCISSEMENS

NÉCESSAIRES

DEMANDÉS SUR DES OBJETS

QUI INTERESSENT

LES ARTS ET METIERS.

I.

Sur l'obstacle qui s'oppose aux progrès de l'art du Fabriquant d'étoffes, & d'autres marchandises de Soye, & sur le projet de désunir l'art de l'apprêteur des Soyes, de celui du Cultivateur.

Les Laboureurs des Provinces méridionales de la France, & des autres Etats limitrophes où l'on fait des récoltes en soye, sont dans l'habitude de faire les premieres opérations pour apprêter cette denrée. Ils dévident les *cocons*, &c. Ainsi cet art, quoique méritant une application particuliere & une attention scrupuleuse, est livré à des mains grosfieres & ignorantes. Il arrive fouvent que faute de cette bonne préparation primitive, on voit fes efpérances évanouies, après l'exécution de celles qui fuivent, (*lorfque les apprêteurs difpofent la foie pour la placer fur le métier,*) & le ·gain diminue toujours en raifon d'une mauvaife préparation.

Les Fabriquants y perdent auffi confidérablement par le défaut de bonne qualité de ces étoffes ; le confommateur éprouve le même défavantage par celui du peu de durée des marchandifes qu'il achete & employe.

On met en ufage une bonne foie mêlée foit par rufes, pour mieux bénéficier, foit par ignorance avec la médiocre, & quelquefois même avec la mauvaife : c'eft ce mêlange fait dès le commencement, qui donne lieu à ces inconvénients dont nous venons de parler. Quand les foyes font mêlées lors de la premiere préparation, il eft prefque impoffible d'en diftinguer & d'en féparer les différentes qualités, il n'y a donc plus de remede, & c'eſt à quoi on ne voudroit plus donner lieu. Des Fabriquants en ſoye, dont les talents ſont connus, penſent qu'il ſeroit plus avantageux, & pour l'ouvrier en ſoie, & pour le Cultivateur de cette denrée, qu'on défendit à ce dernier de la préparer, & qu'il ne lui fût permis que d'expoſer en vente les cocons ; le ſoin de ſa préparation ſeroit par-là réſervé à l'ouvrier fabriquant.

Par ce nouvel arrangement on peut s'appercevoir qu'on diminueroit la peine & la dépenſe du Cultivateur, & conſéquemment on augmenteroit ſon profit par une voye honnête, en procurant aux Fabriquants de bonnes matieres premieres.

Si l'avidité du gain porte le Fabriquant comme le Cultivateur à mélanger les différentes qualités des ſoyes, la préparation du moins en ſera plus parfaite. Elles ſeront mieux travaillées, &

beaucoup mieux aſſorties. Des mains
faites aux ouvrages de cette eſpéce,
conduiront ce travail , & le mene-
ront beaucoup mieux que celles qui ne
ſont accoutumées qu'à manier des outils
d'Agriculture.

Cette opération bien exécutée peut
encore produire pluſieurs bons effets.
Les étoffes fabriquées de ces ſoyes ſeront d'une qualité ſupérieure. Le vendeur & l'acheteur en profiteront. Le
commerce des étoffes en deviendra donc
plus lucratif & plus étendu. Voilà ce que
nous avons cru devoir dire en faveur d'un
ſentiment que nous adoptons, & que
nous croyons très favorable aux progrès
de l'art du Fabriquant d'étoffes en ſoye.

On pourroit en dire autant ſur ce que
certains Laboureurs s'aviſent de laver ,
tirer , carder, peigner, hourdir, &c. la
laine. Ces fonctions doivent être réſer-
vées aux artiſans qui exercent ces pro-
feſſions.

I I.

Sur cette question : seroit-il possible en cer-
taines Provinces de France de faire avec
les pétales & les étamines de la fleur d'un
arbre appellé A C A C I A , une teinture
jaune aussi belle & aussi parfaite que
celle que l'on en tire à la Chine , &
dans quelques Provinces du midi , de la
France.

Depuis que *M. Robert* a apporté au
Jardin du Roi à Paris, l'arbre de l'Amérique, &c. que l'on nomme *Acacia* : en
latin, *acacia ægyptiaca foliis scorpioïdes*
leguminosæ siliquis albis compressis, isthmo
interceptis, floribus albis vel luteis ; Hort.
Lugd. Bat. Cet arbre est devenu fort
commun en Europe, & sur-tout en
France.

Quoiqu'il soit très-connu , nous
croyons cependant qu'il est nécessaire
d'en faire la description. Son écorce
est raboteuse , sa tige élevée se partage
en plusieurs branches qui se subdivisent

à l'infini. Elles font garnies d'une multitude de feuilles oblongues, petites, &
d'un verd pâle ; elles font difpofées deux
à deux fur une côte affez longue, ter-
minée par une feule feuille ; fa fleur n'a
qu'un feul pétale en forme d'entonnoir
remplie d'étamines divifées en petites
têtes. Elle exhale une odeur très-agréa-
ble. Ses pétales font blancs ou jaunes,
fuivant l'efpece. Le fruit eft contenu
dans une gouffe, & la graine eft prefque
ronde.

Quelques Artiftes ont fait des effais en
petit dans une Province méridionale de
la France, fur cette teinture, à l'inftar
de ce qui fe pratique à la Chine ; ils dé-
fireroient, quoique l'on ne manque pas
en France de matieres pour la teinture
jaune, qu'on fe fervit encore des fleurs
d'acacia pour former cette même
couleur. Ils voudroient la mettre en
ufage tant dans leur Province, que dans
celles du Nord du Royaume. La culture de cet arbre, comme l'on fçait, eft
très-

très-simple. Il se plaît dans les plus mauvaises terres ; son fruit d'ailleurs a des propriétés médecinales qu'il est inutile de détailler ici ; (a) son bois est propre aux *Tourneurs* ; le climat le plus temperé est celui qui lui convient le mieux. Il y prend son accroissement en fort peu de tems ; enfin la couleur qu'on tire de ses fleurs est d'un jaune particulier, très-beau & fort bien nuancé. Il s'en trouve même de semblable à la couleur de l'or.

La méthode que ces Artistes prescrivent pour faire cette teinture, est très-simple & très-peu dispendieuse.

On cueillle une certaine quantité de fleurs d'acacia avant qu'elles soient trop

---

(a) Ses graines ont cette propriété médecinale, que bien des gens ne connoissent pas encore. L'on assure qu'étant jettées, à l'entrée de l'hyver, dans du fiel de Bœuf de façon que ce fiel surnage, ces graines séchées ainsi à l'ombre, durant l'espace de cent jours, sont efficaces pour éclaircir la vûe, guérir des hémorroïdes, & rendre noirs les cheveux blancs. Il faut pour cet effet, *dit-on*, avaler une de ces graines chaque jour après le repas. Ce fait est à expérimenter. Nous le tenons d'un Mémoire Chinois, dont l'extrait est rapporté au tome 24 des Lettres Edifiantes. *Cette Lettre est du 8 Octobre* 1736.

épanouies ou prêtes à tomber, on en prend les étamines & les pétales seulement, & on dépose le tout dans un vase d'airain fort propre. On le place sur un fourneau dont le feu doit être clair. Il faut remuer avec vîtesse ce mélange. Sitôt qu'on apperçoit ces parties de fleurs prendre une couleur tirant sur le jaune, il faut jetter dessus quelque peu d'eau claire de riviere (a).

On fait bouillir ce mélange jusqu'à ce que le tout s'épaississe, & que la couleur se fortifie & devienne plus foncée ; il faut passer ensuite cette matiere au travers d'une toile grossiere. Après en avoir exprimé la partie la plus liquide, on y ajoute une certaine quantité d'*alun* & de *poudre* (b) *de coquillages d'huitres.* Ces coquillages doivent être bien brûlés.

____

(a) Six cueillerées ordinaires d'eau suffisent pour une livre de petales. On peut se régler là-dessus pour une plus grande quantité.

(b) Une once poids de marc d'alun suffit pour une livre de fleurs, ainsi que deux onces de poudre fine d'huitres.

Toutes ces fubftances étant bien incor-
porées & mêlées, donneront une folide
& belle couleur jaune.

On peut tirer trois différentes fortes
de ces couleurs. Lorfqu'on veut avoir
une couleur d'un beau jaune-clair, on y
employe beaucoup d'alun (*a*) ; fi on veut
ce jaune pâle, on y met moins de ce
minéral (*de l'alun*) (*b*). Enfin pour un
jaune couleur d'or, il faut qu'après avoir
paffé l'étoffe une fois dans la teinture
d'un jaune-clair, & après l'avoir fait fé-
cher, on la repaffe de nouveau dans ce
même jaune. On a foin pour cette feconde opération, de mêler un peu d'eau
de bois de Bréfil dans ce jaune.

Ces Teinturiers confervent les fleurs
de l'acacia pendant long-tems. Une an-

(*a*) Sur une livre de fleurs, on jette quatre onces
d'alun, & cette quantité fuffit pour teindre 5 à 6 aunes
de France d'une étoffe de la largeur d'une aune.

(*b*) Il ne fe doit employer alors fur une livre de fleurs,
que trois onces d'alun.

S ij

née après qu'elles ont été fechées au feu dans une poële, elles font encore très-propres pour la teinture jaune. Pour s'en fervir alors pour cette opération, il faut avoir foin de les faire bouillir plus long-tems : on a reconnu que les fleurs fraîches donnent toujours une plus belle couleur.

Nous avons remarqué que les Teinturiers qui propofent la teinture dont il eft queftion, en ont puifé l'idée fur ce qui fe pratique à la Chine, & qu'ils ont tâché de perfectionner la méthode dont fe fervent les Chinois pour faire cette couleur ; on ne peut, ce me femble, que louer leur zéle & leur travail, & il feroit à fouhaiter que cette expérience faite en différentes Provinces du Royaume, perfectionnât la fabrication, & augmentât les matieres pour faire la couleur jaune (a); c'eft auffi le défir des Ar-

____

(a) Nous fçavons que les ingrédients propres pour cette couleur, font déia en grand nombre : outre les cinq qui font de bon teint, & qui font les principaux,

.tiftes dont nous venons de rapporter les projets (a).

Il s'agit donc de fçavoir fi les acacias plantés en Flandres, auront des propriétés auffi favorables pour cette teinture, que ceux de la Provence, &c.

I I I.

Sur cette queſtion : ſeroit-il plus avantageux pour l'Etat & la population, de continuer à ſéparer les grains d'avec leur bâle par la méthode dont on ſe ſert dans preſque tout le Royaume , ou d'adopter l'uſage des machines inventées pour cet objet.

Dans la plus grande partie des Provinces du Royaume on eſt dans l'uſage

---

fçavoir, la *gaude* , la *ſarrette* , la *geneſtrolle* , le *bois jaune* , & le *fenugrec*. On trouve encore la *verge d'or du Canada* , & généralement toutes ces feuilles, écorces & racines, qui en les mâchant, font appercevoir un peu d'aſtriction, ou qui font aſtringentes ; & fi les fleurs de l'arbre dont nous venons de parler, (l'*acacia*) donnent une couleur jaune nouvelle, pourquoi n'en profiteroit-on pas?

(*a*) Nous aurons foin de traiter dans la fuite de la culture de cet arbre la plus uſitée à la Chine, & nous l'approprierons au fol de la France.

de battre les grains *à bras* (a), (*faire for-*
tir les grains des bâles des épis) ; plufieurs
journaliers armés d'un *fleau*, exécutent
cette opération dans d'autres pays : de là
naît une multiplication de travaux, &
par conféquent de dépenfe ; on employe
auffi en quelques cantons les chevaux
ou les brebis pour *dépiquer* (b), méthode
également difpendieufe, peu convenable,
& fouvent funefte, foit par la perte des
chevaux, &c. foit par un dépiquement
fait à demi, foit enfin par une mal-pro-
preté inféparable du continuel paffage
de ces animaux fur les grains (c).

(a) On exécute cette maniere de battre, ou dans des
granges pendant l'hyver, ou au foleil à la fin de l'été,
ou pendant l'automne.

(b) Ce terme fignifie auffi *battre le grain.*

(c) Les urines, les excréments, &c. que laiffent tomber ces animaux en dépiquant de cette maniere le grain.
Cette opération fe fait à l'expofition du foleil le plus
violent. Celui qui conduit ce travail, fe place au milieu
de l'étalage des gerbes dont il veut faire dépiquer les
épis ; il tient les chevaux par un long licol, & les fait
tourner autour de lui au grand trot. Ordinairement les
chevaux font ferrés avec des fers-plats & affez larges
pour couvrir entiérement le fabot ; d'autre fois ces animaux n'ont abfolument aucun fer : on deftine auffi à ce
dépiquement, de jeunes chevaux ; mais quelque précau-

Enfin dans d'autres Pays, on se sert d'une espéce de *barril*, ou d'une piéce de bois assez forte, sur laquelle on frappe violemment la gerbe par poignées : méthode qui a pareillement ses inconvénients, & qui n'est pas moins pénible que les autres dont nous venons de parler.

De même qu'on a diminué & facilité le travail des artisans dans certaines professions, (*les Tisserands, les Fileurs*, &c.) par des inventions nouvelles, on s'est efforcé aussi de diminuer les travaux & la dépense du Cultivateur.

Il y a long-tems qu'on vit paroître une machine inventée pour battre le grain. On lui donna le nom de *Machine*

tion que l'on prenne, les chevaux dans cette opération longue & pénible, & exposés à la chaleur, contractent différentes maladies. Les barbes de la bâle du grain leur font souvent des blessures dangereuses, parce que le sang n'en peut sortir ; mainte-fois il arrive qu'ils en périssent. Le moindre mal qui puisse résulter de ce travail forcé, est de les mettre hors d'état de travailler pour long-tems. Les brebis gagnent aussi différentes maladies.

Angloife (a), & vulgairement celui de *Batte à grains.*

Le fieur *Loriot*, Machinifte, en inventa une en 1761 ; il la préfenta à des Membres de l'Académie des Sciences de Paris, & elle en fut approuvée (b).

Près de *Niurundal*, ville de la Province de *Medelpal* en Suede, un Payfan, (*on le nomme Per-perffon*) en inventa une autre qui fait le travail de feize perfonnes (c).

(a) Il en eft parlé dans la Maifon Ruftique, page 651, tome premier. Quelques Citoyens bien intentionnés ont fait demander dans les Affiches de France qui paffent en Province, du 10 Novembre 1762, N°. 45, pag. 177, fi l'on étoit en ufage de fe fervir de cette machine dans quelques-unes des Provinces du Royaume. Leur intention étoit peut-être de remédier à certains inconvénients qu'on a trouvé dans l'ufage de cette machine, ou de la fimplifier.

Elle confifte en différentes piéces de bois rendues mobiles à l'aide de quelques refforts mis en mouvement par un cheval, ou par le vent, &c. Cette machine fait dans un jour autant d'ouvrage que 40 hommes vigoureux. Sur le rapport qu'on nous en a fait, elle reffemble beaucoup à celle dont nous parlons plus bas, qui eft de M. *Schumacker.*

(b) Gazette de France, N°. 26, page 114, du 9 Mars 1762.

(c) Gazette de France du 18 Janvier 1762, N°. 6, page 25.

L'Académie Royale des Sciences de ce même Royaume (*la Suede*) avoit également approuvé une machine pour exécuter les *dépiquements* (a).

Cette machine forme un charriot ovale composé de plusieurs essieux à roues ; ces roues sont disposées de façon que la partie de la paille de la gerbe ne peut éviter de ressentir le poids de ce charriot; les roues de la partie du devant sont placées sur les mêmes lignes de celles de derriere ; sur les côtés elles sont disposées en *gradins* jusqu'au centre ; le tout est terminé par une piéce de fer ; il se trouve à son extrémité un *anneau*, auquel on attache un cheval qui promene à différentes reprises ce charriot sur les gerbes.

Cette machine reçoit chaque jour des corrections ; cependant elle est en usage telle qu'elle est décrite ci-dessus, dans

---

(a) Elle est rapportée dans les Mémoires de 1761 de cette Académie, troisiéme trimestre, page 221, nous en venons de recevoir le dessein & la description.

prefque toutes les Provinces de la *Sue-de* ; (celle de *Medelpal* , *d'Augerman-taud* (a).

Nous venons de recevoir du Danne-marck la defcription d'une autre machine en forme de *moulin*, à laquelle on donne le mouvement par un cheval, ou par le vent ; l'arbre ou la piéce de bois tour-nante, léve un nombre infini de fortes *baguettes* ou *gaules*, fichées dans une piéce de bois folide ; les extrémités des baguettes du côté foible, ou du côté qu'elles font plus minces, ont leur jeu entiérement libre. Elles font élevées par des dents enchâffés & rangées tout le long de la piéce de bois mouvante, & retombent enfuite fur les gerbes qu'on pouffe deffous (b).

(a) Elle eft inventée par M. *Schumacker*, & on pour-roit, ce me femble, la fimplifier beaucoup.

(b) On peut comparer cette machine à ces inftruments dont les enfans fe fervent, & qu'on appelle vulgaire-ment *clapets*, ou *cliquettes*, ou *creffelles* à marteau. Elle eft décrite dans le nouveau Magafin Œconomique de

On nous a fait encore parvenir la description & le deffein de deux autres machines. La premiere eft de M. *Haufen.*
Elle eft très-fimple ; c'eft une roue qu'un
enfant tourne, & qui fait mouvoir fix
bâtons, en forme de maffe de fleau.
L'extrémité de ces bâtons eft recourbée
& entrelaffée dans une corde tendue. Le
bout de ces bâtons ainfi bridés, eft élevé
par les dents de l'arbre que fait tourner la
roue. Ce bout eft le plus court du bâton,
& l'autre étant élevé jufqu'à une certaine
hauteur, la dent de l'arbre le quitte, &
ayant du jeu, attendu une longueur beaucoup plus grande que celle du côté du
bout bridé par la corde, tombe préci-
pitamment & violemment fur la gerbe
qu'on place au-deffous. Cette machine

Dannemarck, cinquiéme Vol. in-4º. Nous le traduifons pour y puifer des lumieres précieufes. Cette machine eft encore de l'invention de M. *Schumacker.*
Elle nous paroît fort compliquée, & avoir quelque rapport avec celle d'Angleterre dont il eft parlé ci-
deffus.

se transporte facilement, & elle fait l'ouvrage de six hommes (a).

La seconde machine a beaucoup de
rapport aux fléaux ordinaires : ce sont en
effet des fléaux plantés sur une espece
de moyeu de roue qui sert d'arbre tournant à la machine. Ces fléaux y sont en
tel nombre qu'on le désire, & cet arbre
se meut par le moyen de quatre roues
qui lui donnent un mouvement égal ; un
homme la fait tourner, & fait seul autant
d'ouvrage avec ces fléaux ainsi disposés,
que 16 ou 20 hommes en pourroient
exécuter.

Cette machine est de M. *Thierry-Chris-
tian Festre*, & elle n'a été inventée que
pour remédier aux défauts auxquels les
autres battoirs ou *battes* ci-dessus décrits sommairement, peuvent donner
lieu.

Nous trouvons cette machine simple.

____

(a) Elle nous a été envoyée de Copenhague avec
l'autre qui suit.

& facile à faire mouvoir : elle se transporte par-tout, & il n'est, pour ainsi dire, point de Charons de campagne qui n'en puisse faire une pareille, aussi-tôt qu'il en aura vu le dessein (*a*).

(*a*) D'après l'examen de cette machine, il nous a paru essentiel de diminuer la quantité des roues ; elles sont au nombre de quatre, & nous croyons qu'on pourroit les réduire à deux. Nous venons de remettre ces machines entre les mains de Méchaniciens fort habiles, qui nous aident de leurs lumieres, pour les mettre plus à la portée du Cultivateur. Nous en donnerons les desseins & les descriptions au Public ; en attendant, si quelque Amateur désire en prendre une idée sur les desseins, nous nous ferons un plaisir de les leur faire communiquer. De zélés Patriotes (*) en ont imaginé d'autres ; mais comme elles ont encore besoin d'être perfectionnées, nous ne pouvons en rendre compte.

(*) M. *de Garsault* en exécuta une l'année derniere au *Clos Guillain*, rue de Chilly-Montmartre, où il fait ses expériences en Agriculture. Cette machine a eu quelque succès. M. *Pioger* d'Andresy en a envoyé également une à la Société de Bretagne. M. *Charésieu* de la Société d'Agriculture de Lyon, en a également inventé une, que la Société de cette derniere Ville a jugée susceptible de correction & de simplification. Depuis M. de *Mallesugny*, de la même Société, en a présenté une autre préférable, *dit-on*, à la premiere. Suivant l'idée qu'on nous a donné d'une de ces machines, c'est une espece de moulin dont le mouvement est donné, ou par le vent, ou par un cheval, & l'arbre tournant est hérissé de petites pieces de bois en forme de *dents*, qui lévent différents pilots ; ces pilots tombent horisontalement sur les gerbes, & leur chûte fait sortir les grains des bâles des épis. On peut comparer en quelque façon cette machine aux moulins usités en certaines Provinces pour exprimer l'huile de différentes graines. Ces moulins peuvent donner une idée de cette machine.

Toutes ces machines, d'après l'idée que nous en donnons, doivent nécessairement abreger le travail, les peines, les soins & les dépenses du Cultivateur.

Ces heureuses découvertes diminuent à la vérité les dépenses & le nombre des ouvriers, & elles paroissent par-là très-utiles à bien des gens. D'autres au contraire soutiennent que l'usage de ces machines ne peut être que désavantageux à l'Etat & à la population.

Dans les Villages comme dans les Villes, il y a de certaines professions que la fortune ne favorise presque jamais. Il est rare qu'elle prodigue ses faveurs à ceux qui gagnent leur vie à la sueur de leur front. Nous entendons parler de ceux qui n'ont d'autres ressources que le travail de leurs bras, (*ce qu'on appelle journaliers, brassiers,* &c.) & le nombre en est grand. Quoique l'on regarde cette classe d'hommes comme malheureuse, elle le feroit encore plus fi l'on adoptoit l'ufage des machines, qui diminuant la main-d'œuvre, laifferoient croupir tant de bras dans une oifiveté cruelle, pendant une certaine partie de l'année (*a*), & donne-roient lieu à tous les maux qui en font la fuite.

Tel eft le précis des réflexions de ceux qui s'oppofent à ces nouvelles inven-tions ; mais comme ils peuvent fe trom-per, ils foumettent leur fentiment au ju-gement du public. Ils nous ont invité à demander fur cet objet les confeils des gens éclairés. Cet ouvrage qui a pour but le bonheur de l'humanité, paroît très-propre pour y demander & y donner les éclairciffements néceffaires. Nous ferons toujours un bon ufage dans notre

---

(*a*) Dans bien des Provinces, comme on a vû, on dépique au cœur de l'hyver, pendant les gelées ; & dans d'autres on exécute cette opération après la moiffon, après les femailles & les vendanges. Que feront ces Journaliers à ces époques, où tout autre travail eft fuf-pendu?

pratique (*a*), des solutions aux questions que l'on voudra bien nous faire
passer.

(*a*) C'est de notre Corps d'ouvrage dont nous entendons parler. En effet, en ce qui concerne la Partie d'A-
griculture, le troisième Volume va traiter des opérations pratiques du Laboureur.

OBJETS DIVERS.

OBJETS DIVERS.

AGRICULTURE, COMMERCE, ARTS ET MÉTIERS.

LE Public fatisfait des effais que nous lui avons communiqués pour parvenir à la perfection de différents objets de l'Agriculture, du Commerce & des Arts & Metiers, nous invite à continuer de lui expofer tout ce qui peut intéreffer ces parties effentielles. Nos Correfpondants, ainfi que plufieurs autres Patriotes zélés, nous affurent de nous faire part de leurs réflexions & de leurs découvertes, fur tout ce qui fera relatif à nos travaux ; ces Citoyens refpectables, très-en état de décider, ont la modeftie de ne le pas faire. Ils s'en tiennent à nous expofer leurs fentiments. Ils font perfuadés que nous ne nous déterminerons à fuivre leurs idées, qu'après l'examen le plus scrupuleux, le plus attentif, & une comparaison bien réfléchie de leurs renseignements respectifs.

Après de tels procedés, quelle utilité ne doit-on pas esperer de nos recherches & de nos travaux ? N'y a-t'il pas lieu de se persuader que nous n'indiquerons que des principes & des méthodes d'une exécution aussi satisfaisante que fructueuse pour les Arts importants que nous traitons. Nous le répétons, rien ne sera employé dans notre Corps d'ouvrage, qu'après que chaque objet aura été exposé à la censure publique, & discuté non-seulement par les Citoyens en général, mais encore par les différentes personnes éclairées qui veulent bien concourir avec nous à la perfection de notre grand ouvrage. Nous n'épargnerons ni dépenses, ni travaux ; tout sera mis en usage, & nous serons bien récompensés, si nos veilles & nos soins operent tout l'avantage que nous osons en esperer pour notre Patrie ;

c'eſt-là où tend entiérement notre but.

Nous allons donner l'extrait d'un Mé-moire qui nous a été adreſſé par notre Correſpondant réſidant à Châlons en Champagne (*a*).

OBSERVATIONS

Sur une maladie des Bêtes à laine, com-munément appellée CLAVIN*,* CLAVE-LÉE*, ou* CLAVEAU*.*

Tout ce qui exiſte eſt ſujet à plu-ſieurs maladies. Les unes attaquent en général les animaux, & d'autres ſont particulieres à chacune de leur eſpéce. Les *bêtes à laines* entr'autres, ſont ſou-vent attaquées d'un mal que le vulgaire nomme le *clavin,* la *clavelée* ou le *cla-veau :* c'eſt une eſpéce de petite vérole qui eſt très-contagieuſe. Souvent elle dépeuple les troupeaux les plus conſidé-rables.

Cette maladie n'a aucune époque fixe,

____

(*a*) Ce Mémoire eſt de M. CAULET de CHALETTE.

elle eft à craindre dans toutes les faifons, & dans tous les Pays. Il eft cependant des tems où elle eft moins dangéreufe. Quand l'air eft dans une douce température, elle eft beaucoup moins funefte que quand la chaleur ou le froid fe font fentir avec excès.

On connoît facilement fi les bêtes à laines font attaquées du *clavin.* Il s'éléve des *puftules* ou *boutons.* Ces boutons font enflammés & répandus fur tout leur corps. Ils paroiffent d'abord fur les parties chauves ou dénuées de laines, (*à l'intérieur des cuiffes & des épaules, au bas ventre, aux mammelles, au-deffous de la queue, au nez, &c.*)

Les fymptômes de cette maladie font plus ou moins apparents ; les influences de l'air, la force & l'âge des animaux qui en font attaqués, y contribuent plus ou moins : d'autres circonftances ou accidents peuvent auffi apporter quelques changements à ces fymptômes. La maladie eft ordinairement décidée quatre ou

cinq jours après l'éruption des *puſtules.*
L'inflammation qui a duré tout ce tems,
diminue alors, & les boutons de durs &
rouges qu'ils étoient, deviennent mols
& blancs. Ils s'éteignent. La ſuppuration
s'effectue, la peau ſe deſſéche, & il s'y
forme une croute noire qui tombe par la
ſuite.

Tel eſt à peu près le cours de cette
maladie lorſqu'elle eſt d'une nature facile à guérir ; mais il eſt aſſez rare d'en
trouver d'auſſi favorables. Souvent l'inflammation eſt conſidérable. Les boutons
noirciſſent & ſe deſſechent ſans ſuppu-
rer. Souvent encore, (& *le danger n'eſt
pas moins grand,*) l'éruption ne ſe fait
qu'imparfaitement. Les boutons ſont petits, blanchâtres & peu nombreux.

Le cas le plus périlleux eſt lorſqu'il
ſe trouve une maladie compliquée avec
celle du *clavin.* Entre celles qui s'y joi-
gnent, celle qui eſt la plus funeſte, quoi
qu'elle ſoit la plus commune, eſt la *pourriture.* Les *viſcéres* affoiblis par ce mal, n'ont

plus la force de réfifter à la malignité du *clavin* qui caufe l'inflammation.

» Dans un grand nombre de brebi s'em-
» portées par ces deux maladies réunies,
» j'ai trouvé, *dit l'Auteur* de l'excellent
» Mémoire dont nous rapportons l'ex-
» trait, les poulmons emflammés ; ils
» étoient couverts de *véficules* ou de peti-
» tes veffies d'un pourpre tirant fur le
» noir, elles étoient marbrées de taches
» d'une couleur fombre, mêlée de bleu
» & de noir. Si l'on paffoit le doigt fur la
» fuperficie de ces *véficules*, on recon-
» noiffoit diftinctement de petits bou-
» tons. Le foye étoit rempli de ces mê-
» mes petites veffies, elles étoient
» monftrueufes, & la *veine-porte* étoit
» remplie de *douves* (a).

Lorfque les bêtes à laines fe trouvent attaquées de la derniere maladie que nous venons de décrire, (*le clavin accompa-*

(a) C'eft une herbe de prairie, appellée communément *Renoncules à longues feuilles.* Elle eft mortelle pour
les moutons qui en mangent. Nous avons regardé un
Foin qui en contiendroit, comme très-mauvais. Voyez
page 61 de notre Vol. de Commerce.

gné d'une putréfaction ou pourriture), on s'en apperçoit facilement, au même inftant que les boutons paroiffent ; une morve plus ou moins épaiffe coule avec abondance par les narrines de l'animal. Sa tête eft attaquée ; fes paupieres fe gonflent ; fes yeux reftent fermés ; il lui furvient un *râle* ou un gazouillement dans la gorge, qui lui empêche de refpirer. Ce râle eft humide & très-fort. Un battement de flanc confidérable prend à l'animal ; fon haleine eft d'une puanteur infupportable ; enfin le mouton prend un dégoût abfolu, & ordinairemet au bout de quatre ou cinq jours il meurt. L'abondance de la morve dénote que la pourriture fe trouve jointe avec le *clavin.*

Si l'animal mange avec appétit, & que les boutons foient apparents, il y a efpoir de le guérir ; quoique la tête foit attaquée de la maniere dont on vient de le dire, & pourvû que la morve ne paroiffe qu'en petite quantité, on peut fauver l'animal. Les joues & le nez font souvent couverts de boutons ; les yeux en font même remplis. » J'ai remarqué, *dit encore l'Auteur* », que dans cet organe, (*les yeux*) il s'établissoit une suppuration ou un écoulement très-prompt & très-abondant ; ordinairement il rendoit à la vie le mouton ; il ne perdoit que la vûe.

On peut regarder comme très-avantageux dans cette maladie, les dépôts & les abcès qu'on apperçoit extérieurement ; tout ce qui tend à une prompte résolution purulente, (*qui porte à jetter du* P**us** , *appellé vulgairement* M**atiere** ,) ou qui peut procurer une ample évacuation de même nature, a le même succès.

» Les boutons qui font très-étendus,
» très larges & nourris, font donc les
» plus favorables ; ou bien l'inflamma-
» tion qui est nécessaire pour la suppu-
» ration est - elle en cette circonstan-
» ce plus difficilement détruite, soit
» par la *gangrene* , soit par la rentrée

» des boutons » ; accidents très-funestes, lorsqu'ils arrivent l'un & l'autre.

Par tout ce que nous venons d'exposer, on doit sentir que c'est la parfaite sortie des boutons qui peut indiquer le genre de la maladie ; la durée de cette sortie contribue aussi à le faire connoître. D'un autre côté, la température de l'air est le principal agent. Il détermine son plus ou moins de malignité.

En effet, la chaleur ouvre les pores de la peau de l'animal, & rend ses fibres plus flexibles & plus lâches. Le froid resserre au contraire ces mêmes pores, & roidit ces fibres. L'excès de la chaleur cependant est peut-être plus dangereux que celui du froid.

L'animal que l'excès de chaleur affoiblit, n'a pas la force de résister à la violence de la maladie. Le venin dont son corps est rempli, ne peut en être expulsé. Il est encore d'autres accidents que cette chaleur occasionne, & que nous

nous difpenferons de rapporter ici. Nous nous bornerons à dire que le paſſage ſubit du chaud au froid, ſur-tout lorſque la différence eſt confidérable, ne peut qu'être très-pernicieux.

A l'appui de ce que nous venons de dire, l'*Auteur* rapporte que pendant un mois de Décembre, une brebis forte & vigoureuſe attaquée du *clavin*, mangeoit bien, & que la ſortie des boutons avoit été parfaitement effectuée ; qu'elle tomba dans un foſſé rempli d'eau, & quoique l'on l'eut retirée à l'inſtant, tous les boutons néantmoins difparurent. Cet animal enfin mourut le jour ſuivant.

Pendant ce mois la terre étoit couverte de neige, on fit ſortir pluſieurs brebis de la bergerie pour les faire boire & les promener, elles périrent preſque toutes très promptement.

Un air pur & frais eſt cependant très-ſalutaire dans cette maladie ; mais il faut qu'il ſoit renouvellé ; on doit pour cela uſer de précaution, & prendre certaines mesures relatives à l'état des animaux malades. Il est très-difficile d'empêcher les progrés de la contagion sur des bêtes encore saines, à plus forte raison il est nécessaire de prendre beaucoup de soin de celles qui sont attaquées de la maladie.

Les effets du mauvais air ne sont entiérement dissipés, qu'après trois mois ou environ (a) Le second mois est celui où il est le plus funeste : c'est-à-dire, que pendant ce mois, la majeure partie des bêtes à laine est attaquée du *clavin.* La contagion, suivant les apparences, est alors plus étendue ; l'air a eu le tems de se charger d'un plus grand nombre de particules empoisonnées, qui s'exhalent des bêtes malades.

S'il se trouve pour lors que tout le troupeau ne soit pas encore atteint du *clavin,* il est sûr que la partie qui est saine, n'est pas aussi disposée à recevoir

____

(a) C'est ce qui fait dire vulgairement à ce sujet, que la maladie du *clavin* dure pendant le cours de trois Lunes.

la contagion, que celle qui en eſt affligée. Il y a plus, on doit obſerver que dès
qu'une fois les bêtes à laines ont eſſuyé
cette maladie, elles en ſont exemptes
pour toujours.

  » Une obſervation que j'ai faite, *con-*
» *tinue l'Auteur* , fournit un exemple
» frappant de cette vérité. Trois bé-
» liers forts & vigoureux, ſe trouverent
» dans un troupeau de brebis infeⅽtées ;
» ils y reſterent pendant toute la mala-
» die, & ont couverts ou ſaillis nombre
» de ces brebis ſans en reſſentir le moin-
» dre mal.

  » La maladie d'ailleurs ſe communi-
» que quelquefois avec tant de rapidité,
» qu'il ſuffit qu'un troupeau malade ren-
» contre un troupeau ſain, ſans ſe mêler
» même avec ce dernier, pour qu'il en
» ſoit infeⅽté ; & cette maladie ainſi
» communiquée, ſera beaucoup plus con·
» tagieuſe & plus dangereuſe que celle
» du troupeau qui a donné l'infeⅽtion.

  L'Auteur en attribue la cauſe au vent

qui regne fur le Pays qu'habite l'animal, & aux herbes dont il fe nourrit.

Il va plus loin, il ajoute que tous les agneaux provenus de brebis infectées, ne font point pour cela attaqués de la maladie, encore qu'ils têtent leurs meres pendant tout fon cours. Suivant lui, c'eft à la matiére purulente que doit être attribuée la caufe du mal ; l'agneau naiffant avant l'établiffement de la fuppuration , n'a point encore été nourri de fluïde impregné du *pus* ; ou bien les fucs nourriffiers féparés par les *cotyledons* (*a*), fe dépouillent en paffant par ces couloirs, des matieres hétérogenes ou étrangeres qui pourroient nuire au *fœtus* ; ou encore le lait peut obtenir une même préparation en paffant dans les mamelles. Il peut ne contenir aucune particule du *virus* de la maladie, & devenir propre à nourrir fainement l'agneau ; le poifon peut donc être détruit par les

______

(*a*) Orifices des veines umbilicales.

préparations , avant qu'il ait assez de force pour se manifester. L'Auteur dit que parmi plus de cinquante agneaux qu'il a observés , il n'en avoit vû que quatre qui ayent été attaqués du *clavin.*

La maladie étoit même légere , on ne voyoit que quelques boutons qui se dissiperent en peu de jours.

Il observe encore que dans toutes les brebis mortes du *clavin*, il n'a trouvé aucun fœtus qui en portât aucunes marques extérieurement ou intérieurement.

L'avortement est fort commun alors, il est même ordinairement funeste ; la brebis se trouve épuisée par des efforts pénibles. A ces efforts se joint la violence du mal, & la brebis tombe dans une foiblesse & dans un état de dépérissement qui l'enléve en peu de jours.

» Par cet exposé, *dit notre Auteur*, il » paroît évidemment que le *clavin* est » une véritable PETITE-VÉROLE » ; les symptômes, le cours de la maladie, les accidents, la terminaison, font précisément les mêmes. Le traitement doit donc être aussi le même ; mais il faut le faire d'une maniere différente, suivant l'espéce de l'animal. Voici les attentions qu'il faut avoir, & les remedes qu'il propose d'exécuter.

Comme le *clavin* ne se manifeste que par l'éruption des boutons , lorsqu'on verra quelques bêtes tristes & languissantes, on doit les visiter. Si on apperçoit des *pustules*, (du PUS), il faut les séparer & les mettre dans une bergerie particuliere : on s'opposera par-là au progrès de la contagion, & on leur donnera facilement les secours que la maladie exigera relativement aux circonstances & aux accidents qui pourront survenir.

En été, lorsque la chaleur est excessive, la bergerie qui servira d'espece d'infirmerie, doit être grande, fort vaste, & percée de façon que l'on puisse y entretenir un air frais, ou qu'il puisse se renouveller à tout instant.

En hyver l'infirmerie doit être très-petite, bien couverte & peu élevée. La plus chaude est la meilleure.

Pour déterminer ce dégré de chaleur, il faut se servir d'un *Thermométre* (*a*), & y observer la température convenable.

L'air doit y être renouvellé en cette saison (*l'hyver*) au moins une fois le jour, & pendant un quart d'heure. On ouvre pour cet effet la porte & la fenêtre vers l'heure du jour la plus temperée. En été tout étant ouvert, on n'est point assujetti à cette opération ; il y a de la fraîcheur suffisamment au moyen de la construction de l'étable de la maniere que l'Auteur l'a proposé.

Ce renouvellement d'air est indispensable, autrement l'air de l'étable se trouveroit bientôt infecté, & la contagion seroit beaucoup plus à craindre.

____

(*a*) L'Auteur conseille celui de M. DE REAUMUR, & détermine que le dégré de chaleur convenable, est un dégré ½ au-dessus de celui des chaleurs des caves de l'Observatoire qui est désigné sur cet instrument.

Lorsqu'il

Lorsqu'il regne de grands froids, il faut bien se garder de faire entrer l'air dans l'infirmerie ; il faut y brûler de l'Assa-fœtida, ou quelqu'autre drogue forte & pénétrante. On parfumera par ce moyen toute l'étendue de l'emplacement qu'occupent les bêtes malades.

Quoique ces parfums soient efficaces, l'*Auteur* conseille de donner l'évacuation à l'air chargé de mauvaises vapeurs, autant que l'on pourra, & avec les précautions requises.

Comme il s'agit dans cette maladie, d'aider la nature dans l'éruption ou dans la sortie des boutons, & d'amener ces boutons à une suppuration convenable, il faut avoir recours aux remedes qui occasionnent des fermentations ou qui échauffent.

Remedes à donner aux bêtes à laines attaquées du clavin.

On se sert pour cet effet de *souffre* réduit en poudre fine : on en employe *une demi-once poids de marc*, ou une *cuillerée* pour chaque animal ; on leur donne ce remede une fois par jour. Il faut le mêler dans une certaine quantité d'avoine ou de ſon.

On continue cette doſe juſqu'à ce que la ſuppuration ſoit bien établie. L'inflammation ne doit pas être à craindre pour lors. Elle eſt néceſſaire ; l'*Auteur* l'a déja plus haut reconnu eſſentielle pour obtenir une bonne ſuppuration.

Pour faire ſortir le virus ou le venin par les voyes naturelles, il faut donner à l'animal, *une once* ou *une poignée de ſalpêtre*, ou de *ſel marin*, (*ſel ordinaire de cuiſine*). On fait diſſoudre ce ſel dans de l'eau un peu tiéde. On le donne enſuite pour boiſſon à l'animal (*a*).

Ce breuvage provoque les urines, &c. & la tranſpiration. Ces eaux, ces vapeurs enlevent donc par ce moyen ce qui ſe

____

(*a*) L'*Auteur* attribue au ſel la propriété de faire ſortir le venin, parce qu'ordinairement les troupeaux qui broutent l'herbe des marais ſalés, ſe maintiennent toujours dans un état ſain : il cite à cette occaſion les *Mémoires de l'Académie des Sciences*, premier Vol. Il y a trouvé un Mémoire contenant des obſervations ſur les bons effets du ſel dans la nourriture des beſtiaux. Ce Mémoire eſt de M. *Virgile*.

trouve de venimeux dans le corps de l'a-
nimal : d'un autre côté il diminue le danger d'une inflammation trop forte. Une
trop grande inflammation empêcheroit
indubitablement la suppuration de s'établir, & elle donneroit naissance par-là à
la gangrenne.

Quoique le *souffre*, le *salpêtre*, ou le
sel marin paroissent avoir des qualités op-
posées, ils tendent cependant au même
but ; le *souffre* entretient l'inflammation,
& l'eau de nitre ou de sel, la restreint.
Cette eau chasse en même-tems, comme
on vient de le voir, par les urines &c.
une partie de la malignité du mal ; si
cette malignité restoit, elle exigeroit une
plus forte inflammation pour sortir du
corps de l'animal, par les boutons : ce
qui pourroit être funeste.

Puisque la nature fait ordinairement
sortir le poison par la suppuration, tout
ce qui la facilite tend à la guérison de
l'animal : il faut donc, pour entretenir

V ij

cette fuppuration., fe fervir de *fetons*, (*forte de cautere*) (*a*).

La partie la plus convenable pour cette opération eft celle qui eft fupérieure au *fternum* : c'eft-à-dire, le haut de la poitrine où les côtes aboutiffent.

» On léve la peau en la prenant entre
» deux doigts le plus qu'il eft poffible,
» par ce moyen on la double ; alors on
» la perce, ou avec un fer rouge, ou
» avec une pointe de fer propre. On
» paffe une corde dans les deux ouver-
» tures qui doivent être affez grandes
» pour la couler librement, & on en lie
» les extrémités pendantes.

Il faut enduire la corde dans toute fa longueur de *bafilicum* (*b*), ou d'un onguent fuppuratif ; on tire cette corde chaque jour ; on la fait gliffer entre cuir

---

(*a*) C'eft une bleffure que l'on fait à quelqu'endroit du corps. On paffe par la peau un gros *fil* de coton, &c. Par le moyen du trou & de ce fil, l'on entretient la playe en fuppuration.

(*b*) Cet onguent eft compofé de *poix de réfine*, *d'huile* & de *cire*.

& chair ; on enleve par ce moyen le pus qui s'y amaſſe, & on renouvelle facilement l'onguent.

Si l'on n'exécute pas cette opération de cette maniere, on peut faire un trou dans la peau, & y placer un morceau de *cuir*, de *plomb*, ou d'une autre matiere. Il ſe forme en cet endroit quelques jours après un amas de matiere qui s'écoule par l'ouverture. On appelle vulgairement cette opération *une ortie*.

On peut encore ſe ſervir d'un morceau d'*ellebore noir*, ou de *pied de griffon*, pour former une tumeur qu'il faut conduire à ſuppuration. On prend auſſi pour cet effet du *baſilicum*.

Quel que ſoit l'efficacité de cet *ellebore*, cependant l'*Auteur* trouve que le *ſeton*, tel qu'il eſt décrit ci-deſſus, eſt plus facile à exécuter, & même plus ſalutaire.

En faiſant l'opération du *ſeton*, l'Auteur eſt d'avis d'appliquer en même-tems les *vesficatoires* (*a*), mais il avertit qu'ils agiffent bien peu fur l'animal.

Il recommande d'avoir attention d'arrofer fans ceffe la poudre qui compofe ce reméde. » On conferve, *dit-il*, par » cet arrofement, fon action.

Pour rendre ces veflicatoires efficaces, on y incorpore quelque graiffe. Par ce moyen on entretient l'humidité nécef-faire, & on émouffe ce *cauftique*, dont le trop d'activité feroit dangereux.

La peau des *bétes à laines*, comme l'on fçait, eft très-compacte, onctueufe ou graffe (*b*). Cette propriété eft caufe que les *emplâtres-vesficatoires* les plus fortes, ont de la peine à mordre fur la *nûque* de la brebis; (*creux qui eft entre la premiere*

(*a*) Efpece de cautere actuel, on le compofe de *cantha-rides* en poudre (*mouches*), de *levain de vinaigre*, & d'au-tres ingrédiens. Cette compofition attire les vapeurs malignes, & fait élever des *veffies* fur la peau. Les Apo-ticaires ou Droguiftes fourniffent ce reméde.

(*b*) Perfonne n'ignore que la laine crue fournit ce mélange gras, ou cette efpéce de matiere graffe con-nue fous le nom d'*œfippe*, (*pourriture de brebis*) & dont on fe fert pour les ulceres, & pour d'autres ufages.

& *seconde vertebre* (a): *c'eſt l'endroit où l'on doit placer le médicament.*)

Des expériences multipliées ont fourni à l'*Auteur* la preuve de ce qu'il avance. A peine au bout de quinze jours, ces veſſicatoires appliqués ſur la *nuque* de l'animal, ont-ils procuré un écoulement ſenſible !

» Si on pouvoit parvenir, *dit M. C.*,
» à rendre ces emplâtres plus actives, on
» en tireroit ſans doute de grands avan-
» tages, ſur-tout lorſque la tête de l'ani-
» mal eſt la partie la plus affligée.

Pendant tout le tems que durera la maladie du *clavin*, on doit avoir ſoin de nourrir l'animal au *ratelier*. Il ne faut pas lui permettre en hyver de ſortir de l'étable-infirmerie ; on doit lui prodiguer le *foin*, & y joindre une mixtion ou un

---

(*a*) Os qui s'emboîtent l'un dans l'autre, & qui compoſent l'*épine du dos d'un animal*. Ils s'étendent depuis le haut du *col* juſqu'au *croupion* ; le col en a ſept, le dos douze, & les lombes ou les vertebres placées immédiatement au-deſſus de *l'os ſacrum*, c'eſt-à-dire, juſqu'à la derniere partie de l'*épine*, en ont cinq.

mélange de fon avec de l'avoine, ou de l'orge. Cette mixtion eft appellée en bien des endroits, *provende.*

Une *quartelée* (a) de cette provende par jour fuffit. Il faut avoir foin d'y mêler le *fouffre* réduit en poudre dans la quantité recommandée ci-deffus.

Si l'animal eft attaqué de la maladie en été, on pourra le mener paître dans les champs, mais ce ne fera qu'aux heures où la chaleur fera temperée.

Si on l'éloigne de l'infirmerie pendant la grande chaleur, il faudra le conduire à l'ombre & au frais fur quelques côteaux ou fous quelques arbres.

L'Auteur traite enfuite des divers accidents qui peuvent rendre le mal plus périlleux. Nous en rendrons compte dans le Volume fuivant.

(a) *Mefure de grains* que nous eftimons contenir autant que le *litron de Paris.* Voyez page 147 premier Vol. de notre Corps d'Obfervations, & l'errata à la fin de ce même Vol. pour fçavoir la contenance du litron.

Essai sur la culture de l'Acacia (a).

La meilleure terre pour la culture de l'acacia, est celle que nous appellons *bonne terre végétative*, (celle qui est grasse & remplie de sucs nourrissiers.) Cet arbre se plaît aussi dans un terrein sablonneux.

L'acacia demande beaucoup de soins dans les premieres années de son accroissement. Pour que les plantations qu'on fera de ces arbres réussissent, il faut cueillir leurs gousses dès qu'elles sont en maturité, en tirer les graines, & les exposer au soleil. Pendant l'hyver on doit les conserver dans un lieu qui soit à l'abri de l'humidité. Au printems on les jette dans l'eau pour les faire germer. On les met ensuite dans une terre bien ameublie, purgée de mauvaises herbes, qu'on aura eu soin d'herser & de préparer

______

(a) Nous donnons ici cet essai pour satisfaire les curieux qui voudront tirer de cet arbre, les teintures dont nous avons traité. Voyez ci-devant pag. 271.

comme pour mettre du lin ou du chanvre.

On place les graines en ligne droite à
la diſtance de trois pieds de Roi, les
unes des autres. On en met ordinairement trois dans chaque petite foſſe faite
avec la main , & on les recouvre de
terres.

Pour favoriſer l'accroiſſement de ces
arbres, on ſemera du chanvre (a) dans les
intervalles. Il eſt même néceſſaite de le
faire avant la plantation des acacias. On
recouvrira les graines de ce chanvre avec
la herſe.

Il faut prendre garde d'endommager
les petits germes de la graine de l'acacia.
Pour la mettre à propos dans la terre, il
ſuffit que la petite pointe de la tige paroiſſe , ou que la pelure dela graine ſoit
prête à créver.

Quand les acacias & les chanvres au-

____

(a) On vient de nous adreſſer un excellent Mémoire
ſur la préparation de cette plante , & nous en rendrons
compte dans le Vol. ſuivant.

ront pris un certain accroiſſement, on arrachera de ces dernieres plantes, celles qui pourroient étouffer les jeunes aca-cias. On placera, pour ſoutenir les der-nieres, des échalats de diſtance en diſ-tance, de la même maniere qu'on le fait dans les vignes de certaines Provinces de France (a). S'il ſe trouve que toutes les graines ayent produit des tiges, on doit en ſupprimer une partie, ils pourroient ſe nuire par leur nombre.

L'année ſuivante on ſéme encore du chanvre dans les intervalles qui ſéparent les acacias. On a ſoin de bécher & de préparer la terre comme nous venons de le dire. Il faut auſſi avoir attention, en ſe ſervant du rateau, de ne point tou-cher les acacias. A la maturité du chanvre reſtant, on l'enléve, & on ne laiſſe que les acacias.

La troiſiéme année on ſéme dans cette

____

(a) Dans la Bourgogne, la Champagne, l'Iſle de France, &c. on plante un échalats, (*ou bâton de chène,*) & le ſep de vigne y eſt attaché avec des oſiers ou d'autres liens.

terre des légumes, tels que des *navets*, des *pois*, &c. On aura soin encore pour cet effet de bien bécher & ameublir la terre, & avant l'hyver, & au printems.

Les acacias devenus des arbriffeaux affez forts, on peut les tranfplanter dans une faifon convenable. (*Au mois de Janvier ou de Février s'il ne géle pas.*)

On les plante pour lors à la diftance de deux toifes l'un de l'autre, foit dans les hayes, foit ailleurs. Ils deviendront de très-beaux arbres.

Si la tête de ces arbres fe dégarnit ou s'abougrit, on les étête (couper le fommet) ; mais cela arrive rarement fi l'on s'y prend de la maniere que nous venons de le dire pour les jeunes plantes.

F I N

du Tome II. de la Partie du Corps d'Obfervations.

TABLE

TABLE DES MATIERES

CONTENUES DANS CE VOLUME.

AGRICULTURE.

COMMERCE.

Eclairciffements

pag.

OBJETS DIVERS,

Agriculture, Commerce, Arts & Métiers.

Fin de la Table des Matieres.

AVIS AU RELIEUR.

Il faut placer ici la Planche indiquée concernant
ce Volume.

APPROBATION.

J'AI lû par ordre de Monſeigneur le Chan-
celier, le ſecond Volume du Manuſcrit inti-
tulé, *Corps général d'Obſervations de la Société
qui compoſe l'Agronomie & l'Induſtrie*, & je
n'y ai rien trouvé qui doive en empécher l'im-
preſſion. A Paris, le premier Décembre 1762.

Signé ROUSSELET.

Le Privilége eſt à la fin du premier Vol. de
la *Partie d'Agriculture.*

FAUTES ESSENTIELLES

Fautes essentielles à corriger dans ce Volume.

pag. lign.

2   Au titre, 1762, *lisez* 1736.

11 13 retiennent, *lis.* retient.

13 3 ces méthodes reçurent quelques observations, *lis.* ces méthodes reçurent quelques objections.

21   avant derniere ligne de la note, ce Volume, *lis.* le Volume suivant.

22 8 publié, *lis.* publiées.

27 3 les oppositions des désignations, *lis.* la différence des désignations.

33   à *l'emargement*, bêtes à bornes, *lis.* bêtes à cornes.

34 11 on fait servir les vaches, *lis.* on fait saillir les vaches.

14 répandu, *lis.* répandus.

53 11 la nouvelle espace, *lis.* le nouvel espace.

ibid. 16 ce qu'elles remplissent en effet, *lis.* ce qu'elles font en effet.

79 15 elle se dissout par son action, *lis.* elle se dissout par leur action.

90 4 aux autres opérations relatifs, *lis.* aux autres opérations relatives.

91 11 d'automne. (On sçait. *lis.* d'automne, (on sçait.

92 1 certains, *l.f.* surs.

94 11 ports; préféroient, *lis.* ports préféroient;

99   à la note (c) 4e *ligne* en remontant; capitale d'un Pays de ce nom en Russie, *lis.* capitale d'un Pays de ce nom dépendant de la Russie.

100 4 de les vendre, *lis.* de la vendre.

ibid. 8 il les expédient eux-mêmes, *lis.* ils l'expédient eux-mêmes.

104 7 l'obmettre, *lis.* ometre.

108 17 commerce des lins, *lis.* commerce des graines de lin.

    La page suivante 108, timbrée 102, doit être 109.

111 12 que du tetour, *lis.* que du retour

159 2 les y détermineront toujours, *lis.* les y déterminera toujours.

171   note (b) de la page 170, obmettons, *lis.* omettons.

198 21 les discute en même tems, *lis.* les réfute en même-tems.

201 15 denrées de premiere qualité, *lis.* denrées de premiere nécessité.

232 10 & pour les Armateurs, *supprimez* &.

239 15 40 perches françoises, *lis.* 40 perches angloises de 16 pieds & demi également anglois.

240 7 le pied quarré Anglois, *lis.* le pied Anglois.

265 17 repousse, *lis.* repoussent.

283 3 M. Hausen, *lis.* Hansen.

284 16 festre, *lis.* fester.

315 10 ils pourroient se nuire, *lis.* elles pourroient se nuire,

ibid. 14 on a soin de bécher, *lis.* on a soin de bécher

www.ingramcontent.com/pod-product-compliance
Lightning Source LLC
La Vergne TN
LVHW011931180726
843502LV00003B/764